古人教给青少年的
人生成长课

良冶 著

《菜根谭》的智慧

花山文艺出版社

河北·石家庄

图书在版编目（CIP）数据

《菜根谭》的智慧：古人教给青少年的人生成长课 /
良冶著. -- 石家庄：花山文艺出版社，2020.7
ISBN 978-7-5511-5233-4

Ⅰ．①菜… Ⅱ．①良… Ⅲ．①个人－修养－中国－明
代②《菜根谭》－青少年读物 Ⅳ．①B825-49

中国版本图书馆CIP数据核字(2020)第099270号

书　　名：《菜根谭》的智慧：古人教给青少年的人生成长课
　　　　　Caigentan De Zhihui:Guren Jiao Gei Qingshaonian De Rensheng Chengzhangke
著　　者：良　冶
责任编辑：梁东方
责任校对：林艳辉
美术编辑：陈　淼
封面设计：李　一
出版发行：花山文艺出版社（邮政编码：050061）
　　　　　（河北省石家庄市友谊北大街330号）
销售热线：0311-88643221/29/31/32/26
传　　真：0311-88643225
印　　刷：三河市金泰源印务有限公司
经　　销：新华书店
开　　本：710×1000　1/16
印　　张：16.5
字　　数：200千字
版　　次：2020年7月第1版
　　　　　2020年7月第1次印刷
书　　号：ISBN 978-7-5511-5233-4
定　　价：42.00元

— 目 录 —

卷 三 烟绯（浮世人情，如烟如幻，对应评议）

天 青

（雨过天青，清淡含蓄，对应修身）

琢磨百炼

欲做精金美玉的人品，定从烈火中煅来，思立掀天揭地的事功，须向薄冰上履过。

想要修养成如纯金、如美玉一般的人格品行，一定要经历烈火炉锤的焚烧锻炼；想要建立惊天动地的功业，必须要体会过如履薄冰的艰辛谨慎。

一块美玉究竟是怎样诞生的？

当我们赏玩着一块雕刻精美、质地温润的玉时，当我们在心中默默感叹玉的五种德行时，如果这块玉会说话，我想那情形一定是，它微微叹了口气："哎，鬼才知道我经历了些什么？"

你一定听过一个词，切磋琢磨。它来自《诗经》："有匪君子，如切如磋，如琢如磨。"具体解释起来：骨曰切，象曰磋，玉曰琢，石曰磨；切磋琢磨，乃成宝器。对骨器的加工叫"切"，对玉器的加工称为"琢"，所以俗语说"玉不琢，不成器"。但这样的概括太简略了，事实上，在古代，一块玉从最初的璞（未经加工的玉被称为璞，也叫原石）到完成，要经过十余道工序。

首先是开玉，今天也叫切料。用弓子慢慢将原石锯开，在锯的过程中，不断向弦上加入解玉砂和水。然后是扎砣，即进一步的细切，确定是制作摆件还是手镯、花件。之后冲砣，粗磨作胚。再然后依次为：磨砣、掏膛、上花、打钻、透花、打眼、木砣、皮砣（即抛光），才算完成。

精金，既可以指纯金，也可以指精炼的金属。

24K 的金子才可以称为纯金，但这只是理论上而已。现实中，没有纯度那样高的金子，总会有一些杂质。炼金离不开烈火：入冶煎炼，初出色浅黄，再炼而后转赤也。（《天工开物·五金》）古人观察到，金在火中冶炼时，最初是浅黄色，再炼就变为赤色，纯度也进一步提高。

金属，我们以"百炼钢"为例。

古代炼钢的方法，首先是炒钢。顾名思义，将生铁加热到一定状态，然后如炒菜一般进行搅拌，使碳被氧化成气体，得到低碳钢，这样的钢中有许多杂质。比炒钢更先进的方法为灌钢，即把生铁和熟铁混杂起来进行冶炼，这样冶炼可以得到品质较好的钢，但其中仍然存在杂质。于是，就将得到的钢材进行反复地折叠锻打，每次锻打，都会除掉一些杂质，如此而得的钢，就叫百炼钢。这样的钢：乃铁之精纯者，其色清明，磨莹之，则黯然青且黑，与常铁迥异。

这样子，才能成为精纯的金属，精金。

精金美玉的产生，就是这样的不易，切磋琢磨，烈火煅烧。这可不是什么文学上比喻夸张的说法，而是实实在在的过程。

往下看才是比喻，"精金美玉的人品"也即是说如同精金美玉一般的人品，他将人品比喻为精金美玉，这个比喻你是否认同？这一点很关键，如果你认同，那你自然也就默认了下一句话的正确，"定从烈火中煅来"，因为这是眼可见、手可触的事实。如果你不认同，那我会说服你认同的。

我们都学习过比喻，比喻中有本体和喻体，两者能形成比喻的关系，是因为之间有共通点。那么，精金美玉和美好的人品之间，有什么共同点呢？

我们来看一段经典自白：

你以为我穷、低微，不漂亮，我就没有灵魂没有心吗？你想错了！我和你一样有灵魂，有一颗完整的心！要是上帝赐予我一点姿色和充足的财富，我会使你难以离开我就如同我现在难以离开你一样，我现在不是依据习俗、常规，甚至也不是通过血肉之躯同你说话，而是我的灵魂同你的灵魂在对话，就仿佛我们两人穿过坟墓，站在上帝脚下，彼此平等——本来就如此！

——夏洛蒂·勃朗特《简·爱》

高贵的灵魂，彼此平等。

高贵、高洁，就是答案。

精金、美玉，它们代表着一种高贵而美好的人品，必然也是高贵的、高洁的。所以我们可以说，或者确切地说,高洁的人品就真的如同精金美玉一般。

这样的人品，必须从烈火中、无数次的锻造中锤炼而来。因为每个人的人格中，除了拥有善良、同情、恻隐等这样美好的潜质外，还有许多"杂质"，比如自私、自负、仇恨、嫉妒、固执……西方有七宗罪的说法，而我们的古人，也知道人性有恶的一面。

要将这些"杂质"一点一点从心中剔除，其困难的程度，形象地说，就是自己与自己打了一场宏大的战役。古人有个概念，叫作"交心兵"，在你心中战场的交战。这里，你是主帅，手下有五员大将，号为五常，分别叫仁、义、礼、智、信，你率领着它们去与你的"七宗罪"决战。胜了，从此你的心田一碧万顷，朵朵莲花盛开；败了，心田从此黄沙万里，一片荒芜。

古往今来，赢得这场战役的人并不多，每一个名字都可以流传千古。

所以说，英雄与圣贤相比较的话，圣贤也许更伟大。英雄能够征服世界，打赢每一个对手，却未必能够打赢心中的这场战斗；而圣贤打赢了自己，也就无须去征服什么世界了。

我还记得，在电影《拯救大兵瑞恩》中，虽然任务成功了，可执行拯救任务的小队却全员牺牲掉了。在生命的最后一刻，他们对瑞恩的要求只是一句话：答应我，做个好人。许多年后，瑞恩已经是个白发苍苍的老人，儿女成群，他来到牺牲战友的墓前悼念他们。他对儿女们说，告诉我，我做到了，我是个好人。儿女们不解，但还是告诉他，你是个好人。

这个镜头真感人。

做一个好人很不容易，要战胜自己身上的许多缺点。要从烈火中煅过，说的就是这样。

从薄冰上走过，走出一个成语，如履薄冰。来自《诗经·小雅·小旻》："如临深渊，如履薄冰。"用来形容一个人处世十分小心、谨慎，但并不用来形容危险。

每次读到这个成语，都会和一个场景联系起来。电影《投名状》里，李连杰饰演的庞青云慢慢走在冰面上，像是在对下属，又像是在对自己说：我这一生，如履薄冰，你说，我能走过去吗？从此这个成语深印脑海。

电影中的庞青云是要做大事的，他的志向或者说野心很大，所以他每一步都很小心。因为你要谋划的事业越是庞大，遇到的险阻也必然越多，总有一些险阻，出乎你的意料，危险到你无法面对、解决。这时唯有谨慎小心，等待时机。

前几年热播的电视剧《军师联盟》很好看，这部电视剧首次以司马懿的视角来看待那段历史。这个创意如何我们不去讨论，但说到一生谨慎小心，却几乎非他莫属。

最初曹操征召司马懿为官，他没有接受，而是冷静观察局势，直到数年后，曹操统一北方，局势明朗，他才加入曹氏阵营。这期间，司马懿做事严谨认真，从不出错，也从不张扬，安于自己低微的职位。因为他知道曹操的才能气魄，自己无法与之抗衡，所以他等，一直等到曹操的时代过去。

在曹叡时代，他开始执掌兵权，但还有三个人挡在他的面前：曹真、曹休、夏侯尚。谨慎的司马懿没有采取任何争权夺势的行动，依旧做好本职工作，等待时机。结果，这三个人都因为各种原因先后死去，司马懿顺理成章地成为军中龙头。

他掌军时期，最难缠的对手当然非诸葛亮莫属。蜀军其时战力正盛，诸葛亮谋略过人，他有能力打，却未必一定能胜，于是他采用了最谨慎，却也最有效的做法：守而不战。逼得诸葛亮也做了件有失身份的事：亮数挑战，帝不出，因遗帝巾帼妇人之饰。（《晋书·宣帝纪》）打仗又不是持家，你司马懿如此胆小谨慎，只配做女人，不配做将帅。但司马懿根本不把这激将法当回事，因为他知道，诸葛亮等不起，而他却等得起。结果，蜀军粮草耗尽，只能退走。

曹芳即位后，司马懿作为辅政大臣之一，面对曹爽势力集团的嚣张与压迫，竟然不做回击，一退再退，甘愿交出手中权力，最后卧床养病。

十年等待，终于换来一次一箭封喉的机会，司马懿发动高平陵政变，一举灭掉曹爽集团。

他走上了权力的顶峰，但依旧小心翼翼，他没有称帝，而是继续为子孙后代做着铺垫。最后，他的孙子司马炎终于登上了受禅台，成功取代曹魏，改国号为晋，建立晋朝。再后来，波澜壮阔的三国终于迎来了统一，但统一它的，不是魏、不是蜀，也不是吴，而是晋。

没有人比司马懿更能体会如履薄冰的滋味了吧，他若能看到这两句话："思立掀天揭地的事功，须向薄冰上履过。"多半会引作者为知己吧。

鲍西亚盒子的启示

为善而欲自高胜人，施恩而欲要名结好，修业而欲惊世骇俗，植节而欲标异见奇，此皆是善念中戈矛，理路上荆棘，最易夹带，最难拔除者也。须是涤尽渣滓，斩绝萌芽，才见本来真体。

做善事却想以此高人一等，施恩惠却想因此得到名声、结交关系，修身建业而想要惊骇世俗，树立节操却想要因此而标新立异，这些想法都是隐藏在善念中的长戈利矛、理路上生长的荆棘，是最容易夹杂在人心之中，最难拔除的东西。必须洗涤荡尽所有的私心杂念，斩尽所有的萌芽，才能见到心地本来的面目。

说起古代的圣贤君主，大家脑海中第一个想起的人，多半是唐太宗李世民。

这固然不错，李世民的确是位难得的明君，但他曾做过的这样一件事，却至今令人存疑。

"辛未，帝亲录系囚，见应死者，闵之，纵使归家，期以来秋来就死。仍敕天下死囚，皆纵遣，使至期来诣京师。"

——司马光《资治通鉴》

他曾亲自去审问监狱中关押的囚犯，对于那些死刑犯，他很怜悯，就和他们约定，让他们回故乡去看看家人，为期一年，一年之后，回来受死。犯人们很感激，纷纷离去，等到第二年秋收后，他们竟然真的如约归来，一个不少。李世民很高兴，便赦免了所有人。这就是白居易笔下"怨女三千出后宫，四百囚徒来归狱"所咏之事。

但，先别忙着感慨唐太宗的仁德，宋代大文学家欧阳修对此提出了质疑：

方唐太宗之六年，录大辟囚三百余人，纵使还家，约其自归以就死。是以君子之难能，期小人之尤者以必能也。其囚及期，而卒自归无后者。是君子之所难，而小人之所易也。此岂近于人情哉？

——欧阳修《纵囚论》

他质疑的出发点简单而直接：这不符合人之常情。想想看，求生是人的第一大欲望，为了活下去，人几乎无所不用其极，如今得到这个机会，你说他会选择逃跑还是一年后回来受死？哪一种更符合情理？这样的事，即使是一个道德修养很高的君子，也未必能做到，而这些囚犯竟然轻易做到了，这合乎常情吗？

所以欧阳修下结论道：太宗之为此，所以求此名也。

唐太宗多半事先与这些人约好了：你乖乖回来，彰显了我的仁义，就免掉你的罪。不然，杀你个二罪归一。

此之谓，施恩而欲要名。

说到古代的著名军事家，大家脑海中第一个想起的人，多半是孙子。

这固然也不错，一部《孙子兵法》，至今犹有威名。不过其实还有一个人也很厉害，他的名字叫吴起。

《史记》中记录了这样一个故事：吴起做将军，从不摆架子。他与最低一等的士兵同吃同住，自己亲自背着粮食，和士兵一同干活。有一个士兵生了病，背上起疽，古代的医术并不高明，军队中更无什么好的医疗器械，疽毒若不及时排出，便会恶化。而吴起，竟然用嘴为这个士兵把疽毒吸了出来。看到的人无不感动。作为读者的我们，想必也要感动。可这个士兵的母亲，听到这件事后，却伤心地大哭。人们问她为什么，她说：

非然也。往年吴公吮其父，其父战不旋踵，遂死于敌。吴公今又吮其子，妾不知其死所矣。是以哭之。

——《史记·孙子吴起列传》

原来，这个士兵的父亲也曾是吴起的士兵，吴起也曾为他这样做过，他为了报答将军的恩德，战斗时决不后退，直到被敌人杀死。现在这个孩子的命运，也将是如此。这不禁让人想到一句话，对于世界而言，你只是一个士兵；可对于母亲而言，你就是全世界。

吴起对士兵这么好，那他为什么还曾弃母亲于不顾，还曾杀妻求将呢？这不是很矛盾吗？其实一点也不矛盾，他对士兵施恩，只是为了让士兵感激他，进而在战场上拼死战斗，为他赢得胜利而已。

　　此之谓，施恩而欲结好。

　　人在山上为"仙"，人在谷中为"俗"。仙就是雅，阳春白雪；俗，就是庸俗，下里巴人。

　　元代山水画名家倪瓒，一生好雅好洁，其言行举止的"奇葩"程度，绝对超乎你的想象。《明史·隐逸传》中对他有所记载，其中有这样一件事：

　　张士诚累欲钩致之，逃渔舟以免。其弟士信以币乞画，瓒又斥去。士信忿，他日从宾客游湖上，闻异香出葭苇间，疑为瓒也，物色渔舟中，果得之。抶几毙，终无一言。

　　张士诚想让倪瓒做官，他不做；张士诚的弟弟张士信向他求画，被他骂了出去。兄弟俩从此对他怀恨在心。几天后，他们在湖上游玩，闻到一股奇异的香味，心中一合计：一般人肯定不会这么讲（能）究（作），多半是倪瓒。结果抓了个正着（你说你没事熏什么香），然后一顿暴打，几乎快把倪瓒打死，可倪瓒硬是一声不吭。你若以为这是个汉子那就错了，事后有人问他为什么不喊痛也不求饶？他答："一出声便俗。"

　　标榜节操高雅到了这般地步，难免有标新立异之嫌。

　　我们讲这三个小故事，是想告诉大家，在历史上，的确有许多"施恩而欲要名结好""植节而欲标异见奇"的人物。在你我生活的现实中，自然也不少。

　　那么，这样究竟好不好呢？

　　我乐善好施，人家感谢我，久而久之有了一个好名声，我很看重这个名声，这似乎没什么不好啊。我建功立业，名满天下，我很享受这种成就感，这难道不是人之常情？张爱玲不也说过出名要趁早吗？来得太晚的话，快乐也不那么痛快。

　　可作者却把这些比喻为可以杀人的戈矛，可以让人受伤流血的荆棘，无乃太过乎？

我们回过头来再看下原文，这几句话应该重点注意哪一个字？对了，是"欲"字。"欲"就是想要的意思，换句话说，代表着你的动机。如果你的动机不是为善施恩本身，那么就可以用动机不纯来形容。你也许会说，不纯就不纯吧，毕竟行善施恩是好事，只要结果是好的，做了好事，不就可以了吗？

不，关键不在这里，而是在于怀着这样不纯的动机去做这些事，久而久之，会失去一件非常珍贵的东西。

它是什么呢？

莎士比亚先生早期创作过一部名为《威尼斯商人》的著名戏剧，剧中有一个很好玩的情节：女主角鲍西亚是一位富家小姐，貌美多金，继承了父亲财富的同时也继承了一个类似赌博的规则：将自己的肖像放到三个匣子的其中一个里，这三个匣子的质地分别为金、银、铅。每个盒子上面有一句提示语，能够一次猜中肖像在哪里的人就能成为她的丈夫。

第一个来猜的摩洛哥亲王拥有高贵的出身，他选择了金盒，没猜中。第二个来的阿拉贡亲王拥有大笔财富，他选择了银盒，也没中。我们的男主角巴萨尼奥什么也没有，但他有主角光环，他选择了铅盒，一下子猜中了，而他正是鲍西亚看上的人，于是一段美好姻缘就此缔结。

鲍西亚为什么把自己的肖像放到铅匣子中？因为金匣子和银匣子所代表的是财富、虚荣、外表。选择了它们的人看中的是鲍西亚的容貌和她所继承的财产。而铅匣子代表的是质朴、真实。选择它的人对自己的感情最真挚，没有杂质。

她想找的，是一颗真心。

真，就是答案。

为善也好，施恩也好，修业也好，植节也好，如果成了手段而不是目的，那就会在做的过程中渐渐"失真"。真，即是真情、真挚、真心。

回头看看我们开头引用的吴起和倪瓒的故事。吴起体恤士兵，甚至亲自为士兵吸疽毒，这样的举动固然难得，可其中并无半点真心。这样的人，是能让人效命的高明将领，可若要跟他做朋友，却需三思。倪瓒如果性情坚毅，挨打而不出一声，就是真性情。可他不是这样的人，他忍着不叫，只是怕开口就俗气了，这便不是真性情。

高兴则笑，难过就哭，受痛该呼就呼，如此才是率性真人。我们看成龙的动作片，他和别人对打，总少不了呼痛的表情与动作，从前觉得那不酷，可现在却觉得有血有肉，很喜欢。

失去真，便是伪。

曾经有过这样一则新闻：一名满头白发的老人盯着快餐店里的盒饭，这个场景被一个过路的女孩看见，女孩当即买来盒饭并单膝跪地将饭一口一口喂进老人的嘴里。随后这个女孩被誉为"深圳最美女孩"。但仅一天后，就有媒体人称这是条假新闻，"事发地点在深圳东门老街，不是文中所说欢乐海岸，而且是事先策划的"。而一位目击者则称，该女孩只喂了几口饭，便随拍照的男子离开了。

一次感动人心的善举，原来是事先策划好的"商业演出"。

毒药不是药，伪善不是善。

在渐行渐远中，会迷失自己的本心。

所以作者才会说，必须要去除这些，"涤尽渣滓，斩绝萌芽"。从真心出发，那样的善良才珍贵，那样的恩情才动人，那样的功业才伟大，那样的气节才高洁。

诚不虚也。

离相难离心

> 能轻富贵，不能轻一轻富贵之心；能重名义，又复重一重名义之念。是事境之尘氛未扫，而心境之芥蒂未忘。此处拔除不净，恐石去而草复生矣。
>
> 能够轻视富贵，却不能够减少一些羡慕富贵的心思；能够重视名声道义，却又更加重视追求名声道义的念头。这就是对待具体事务的尘俗之气没能扫除干净，心中的私念没能彻底忘掉。这里做不好，外界的压力一去，私心杂念就又复生了。

"翩然一只云中鹤，飞来飞去宰相家。"

这两句诗是由清代人蒋士铨所作，并不是在写真正的仙鹤，却是在略略讥讽一个人。这个人叫陈继儒，生活在明代晚期，他多才多艺，尤其是绘画，古雅秀润，是松江画派的代表人物。在二十九岁的时候，他当街烧掉了儒冠儒服，表示从此再也无意于仕途官场，远离荣华富贵。之后他隐居在小昆山，做了一名隐士。隐就好好隐吧，他又常常出山与人交往，与人交往也能理解，但他交往的人大都是一些高官豪绅，这就使得人们产生意见了。不唯蒋士铨，与陈继儒同时代的人对他也多有揶揄：

陈眉公在王荆石家遇一显宦，宦问王荆石曰："此位何人？"荆石曰："山人。"宦曰："既是山人，何不到山里去？"讥其在门下也。

——《巧对续录》

你做隐士，又当街烧掉儒服，这的确是轻富贵之举，甚至还有几分狂狷之气，但为何隐居一段时间后偏偏又频频出入显贵之门？可见其心中到底还是有一点向往富贵之心的。那既然向往富贵，就大大方方地承认不可以吗？孔子也说过"富贵如可求，虽执鞭之士，吾亦为之"，这并没有什么见不得人的啊，为何反而要做出一些轻视富贵的举动呢？

这正是《菜根谭》中本则的洞察深刻之处。它提醒我们，许多时候，我们的外在行为与内心的真实想法之间会出现一种矛盾。

你大概看过《那些年我们一起追的女孩》，大家都喜欢沈佳宜，但表达的方式却是捉弄她。说不定你也做过这样的事，明明喜欢某个女孩子，却要处处与她作对。

这种矛盾从何而来？

来自我们对身边文化环境的妥协。在传统文化的语境中，汲汲于富贵是一种不值得称道的行为，而淡泊名利、视富贵如过眼云烟的做法才被视为高洁。同样，在少年们的语境中，"讨好"一个女孩子可不是一种勇敢的行为。不过现在可能刚好反过来了吧，敢于正视无情的校规，敢于面对惨淡的结果，去勇敢追爱的才是"真的猛士"吧。

所以一时兴起，转个身，将洒脱的背影留给红尘去回味赞叹的人不在少数。但，你的内心呢，你真的不喜欢万家灯火的温暖吗？身边的朋友们都在旅行，几乎每天都在朋友圈中分享着美丽的异域风情，于是你被冰岛的极光诱惑，被爱琴海的蔚蓝吸引，好，打点行装，出发。但你可有问一问内心的声音，你真的喜欢旅行吗？

轻富贵，亦要轻一轻富贵之心；重名义，不可复重名义之念。这真是一句睿智而又温情的提醒。如果你太容易受环境的影响，那便是事境之尘氛未扫，而结果，便是容易看不清自己心中的真实，误以为心境一片澄澈，其实呢，心境之芥蒂未忘，种种私情杂念其实都还在。他们就如同杂草一样，一旦外部的压力卸去，便又会滋蔓起来。

我们回过头来看一看，朝廷一般怎样对待隐士呢？不理不问吗？错了，恰恰相反，是征召他们入朝为官。往往隐士的名气越大，被征召的次数就越多。但朝廷是真的了解隐士的才能，然后予以任用的吗？并不是，朝廷只是想让天下人看到、知道，朝廷是爱才惜才、求贤若渴的。你瞧，这不刚好是重视名义，但更加重视名义之念吗？我重名义，但我更加必须要让你知道我是重名义的。

浮世人情纷扰，愿你我都能常常自问：究竟该轻些什么，又该重些什么？

费曼先生别闹了

> 纷扰固溺志之场，而枯寂亦槁心之地。故学者当栖心元默，以宁吾真体。亦当适志恬愉，以养吾圆机。
>
> 纷繁纠扰固然是淹没志向的场所，可枯燥寂寞也会让人活泼的心思枯槁。所以学者既应该让心灵栖息在安宁之中，使真实的自我得到休息；也应该让自己的喜好得到释放，生活得舒心愉悦，使自己的天性得到滋养。

学者是个古今异义词，古代指求学的人，今天指在学术上取得一定成就的人。古人和今人学习的内容大相径庭，但作者的眼光着实不俗，他看到的一点，并不拘泥于学习内容，古今通用。他看到的是哪一点呢？且听我慢慢道来。

嘈杂纷乱的环境会确确实实影响到一个人学习的心境，进而影响学习的结果。但古人学习的内容、方式都与今天的我们不同，这种影响也一样吗？

不一样，会更严重。

古之学者求学先立志，也就是学习目标。"志不立，天下无可成之事，虽百工技艺，未有不本于志者。"（王阳明）

立志既是求学的起点，也是学有所成的保证，让我们引用一句比较古老的成语来印证一下。周成王在消灭淮夷之后，回到王都丰邑，督导整顿治事的各级官员，他说了几方面的内容，其中有一句："戒尔卿士，功崇惟志，业广惟勤。"（《尚书·周官》），宏大成就的取得只是因为有宏大的志向，丰功伟业的建立只是在于勤勉不懈的努力。

立志的作用，就是为了获得一种进取的力量。

但我们还要看到，所谓的志，归根结底只是一种想法、一个念头，一个抽象的存在。没有什么事物比一个想法更容易改变的了，前一刻我还想做一个英雄，可下一刻我也许就会觉得平平凡凡也不错；从前的我们都想做科学家，可后来的我们大约都想做个银行家。

也就是说，志向其实很脆弱，它很容易受到环境的影响。

纷乱是一种概括性的说法，具体而言，五音、五色、五味，都可算一种纷乱。老子曾说：五色令人目盲；五音令人耳聋；五味令人口爽。这里的爽是损坏、损伤的意思，例如"爽约"。

为什么他这样说？以五音为例，听听丝竹管弦，听听流行音乐，这没什么不好吧？不，音乐会影响人的心志，子夏曾评论："郑音轻佻放纵，使人淫荡；宋音耽情纤柔，使人沉溺；卫音节奏短促，使人烦躁；齐音傲慢邪僻，使人骄纵"，所以儒家一直推崇正声雅乐，反对这类流行音乐。他们担心的是，一旦人贪图、沉溺到种种感官享受中去时，就会消磨掉进取的意志。溺志这个词很形象，你的志向，你的学习目标，被这些感官享受给淹没了，你还能有什么成就呢？

玩物溺志，温柔乡便是英雄冢，说的也是这样的意思。

所以说做学问真的是很寂寞的一件事，因为相较之下，清冷安静的环境，会更有利于心志的保持。唐代学者李渤，曾专门到庐山白鹿洞隐居过一段时间，只为读书。据说读书期间，他养有一头白鹿相伴，他每日诵读诗书，白鹿也受其熏陶，久而久之，渐通人性。甚至能够去城里给主人买笔墨纸砚，蛮神奇的。李渤因此被称为白鹿先生，他读书的这个地方被称为白鹿洞书院。

但是我更佩服作者的，是他还看到了另外一面，难道绝对的沉静就是好的吗？不，枯寂亦槁心之地，长久的枯燥寂寞会让人性情淡漠，心失去活泼生机，也不可取。

网络上曾流行过一个词语：佛系。自称佛系少女或佛系青年的年轻人常用的口头语为"都行""可以""没关系"，真是全身上下都散发着一种与世无争的气息。就这样淡泊随缘不好吗？当然不好，你失去了本该保持的活力。

既然纷繁热闹会扰乱心志，而淡漠凄清又会让人失去活力，那到底该怎么做呢？

"学者当栖心元默，亦当适志恬愉"，通俗地说，便是应该做到大人不失赤子之心，远离五光十色的感官诱惑的同时，也不要失去自己的活泼好奇之心。

费曼是一位可以和爱因斯坦相提并论的物理学家，但他广为人知，却是因为一本名为《别闹了，费曼先生》的书。你能想象吗，费曼先生在参与"曼哈顿计划"时，为了缓解巨大的心理压力，让自己紧绷的神经可以放松片刻，他找到的新爱好竟然是——开锁。

他研究不同样式的锁具并拆卸组装，很快便掌握了其内部构造，轻松搞定后他又将难度升级，对保险柜下起了手。天才就是天才，很快就掌握了不同保密级别的密码组合规律，打开不同品牌的保险柜成为他研究工作之外的放松方式。后来，整个研究所几乎没有他打不开的锁，普通一点的锁，他大概用根芹菜就能捅开（这是郭德纲的哏）。他的这个爱好让全世界保密级别最高的核研究基地如临大敌。他曾取出一份保密资料后还留下一张字条："这个柜子不难开啊"，保安人员看到后估计杀了他的心都有。

你看，真正的大学者，既能沉潜下来专注研究，又能保留心中的一点童趣、玩心。

众皆嚣嚣，我独默默。不失天趣，心自活泼。

虚实相生意韵长

> 立业建功，事事要从实地着脚，若少慕声闻，便成伪果；讲道修德，念念要从虚处立基，若稍计功效，便落尘情。
>
> 建立事业功勋，每一件事都要从切实之处起步，如果贪慕名声，就成了虚伪的成绩；修养身心道德，每一个念头都要从无私处建立起根基，如果计较代价效果，就落入了尘俗之情。

这一则的前半句简洁明了，要建立事业功勋，当然应该脚踏实地，处处务实。这里的"功业"，是从宽泛角度去讲的，学好一门技艺、开一家公司、本职工作做得非常出色，都算做了一种事业。但在东汉，"功"的定义就很严格了，许慎《说文解字》中解释说：功，以劳定国也。为国家做出重大贡献，才可以称为有功。要建立这个定义下的"功"，当然更是必须谨慎务实，一步步做起了。

吴门画派代表之一的唐寅，对，就是那个大家都熟悉的唐伯虎，其实历史上真实的唐伯虎一生是很凄凉的。他少年时曾学画于大家沈周，他很有天赋，沈周也很看重他。学了一段时间便小有名气，也开始有人向他求画，唐伯虎便有些得意，不怎么用心去学了，觉得老师的画功也差不多就这个样子。沈周看在眼里，便说你可以出师了，今晚请你吃顿饭。到了晚上，唐伯虎来到院子中，看墙上有一扇窗，窗外景致甚好，便想推开看看，一推之下才发现，竟然是画上去的。他羞愧不已，一改浮躁的态度，潜心学画，终成一代名家。

这一则的后半句比较难理解，首先，为什么讲道修德不可以计较功效？

张翠山道："咱们辛辛苦苦地学武，便是要为人申冤吐气，锄强扶弱。谢前辈英雄无敌，以此绝世武功行侠天下，苍生皆被福荫。"

谢逊道："行侠仗义有什么好？为什么要行侠仗义？"

张翠山一怔，他自幼便受师父教诲，在学武之前，便已知行侠仗义是须当终身奉行不替的大事，所以学武，正便是为了行侠，行侠是本，而学武是末。在他心中，从未想到过"行侠仗义有什么好？为什么要行侠仗义？"的念头，只觉这是当然之义，自明之理，根本不用思考，这时听谢逊问起，他呆了一呆，才道："行侠仗义嘛，那便是伸张正义，使得善有善报，恶有恶报了。"

——《倚天屠龙记》

张翠山的最后一答，只是空泛的套话，可以说，直到最后他也没有回答上来，行侠仗义有什么好。可惜张五侠不知道《菜根谭》，不然就可以怼回去："行侠仗义不必求好，亦无须问因由，因为讲道修德，念念要从虚处立基。"

什么叫从虚处立基？结合下一句看，"若"是如果的意思，如果计较好处效果，就会落入尘俗，成为"实"。所以虚的意思，就是不要要求任何好处效果，行侠就只是行侠，不为别的。这样子，这个侠的概念才算立起来。其他也一样，仁、义、礼、智、忠、勇、信，无论哪种德行，都是这样建立起来的。

不好理解吗？不要紧，我们来讲个故事便懂了，这个故事载于《太平广记》，名为《章台柳传》。

唐天宝年间，诗人韩翊与歌姬柳氏在一次宴饮集会中相遇。柳氏从门内观察着韩翊，对旁边人说：韩夫子岂久贫贱乎？于是就看中他了，你看古人多么爽快，择偶标准也简单：郎才女貌。两个人就这样结成夫妻。但两年后，京中发生战乱，两人离散。柳氏为躲避祸乱，剪去满头青丝，躲入法灵寺中。但不幸的是，蕃将沙吒利早已得知她的美艳，将她劫到自己府上，虽然"宠之专房"，但我想柳氏心中，一定是非常痛苦的。

后来，她与韩翊在京城中有过一次重逢，原文这里写得情景交融，十分动人：

以轻素结玉合，实以香膏，自车中授之，曰："当速永诀，原置诚念。"乃回车，以手挥之，轻袖摇摇，香车辚辚，目断意迷，失于惊尘。翊大不胜情。

之后韩翃应邀到酒楼参加聚会，但他悲切的神情被一个名叫许俊的人看到，这个人我一说他的身份，你就知道他下面要做什么了，他是一个侠客。

他抚摸着宝剑说：必有故，愿一效用。他说我看你也是个有故事的人，来，说出你的故事，我也许可以帮你。等问清楚了缘由后，他一人一马飞驰而出，没过多久，两人一马飞驰而回，柳氏居然就这样被带回来了。就问你，惊不惊喜？意不意外？

故事就先讲到这里，下面是选择题时间。许俊此刻可以有两种做法：一种是什么都不说，看着两个人紧紧拥抱在一起的样子，轻轻一笑，转身策马离去。事了拂衣去，深藏身与名。另一种是他不甘心自己做下了这样的壮举却什么都没得到，于是让韩翃将此事写成诗，天下传唱，让自己的侠名无人不知。如果你是许俊，你选哪一个？

前者，便叫从虚处立基，虽然自己什么都没得到，却在心中，立起了一个义字。

而后者，便是计较功效，虽然得了名气，却在心中，立起了一个私字。

《菜根谭》的这两句话虽然说得很好，但却很不易做。比如我此刻写这本书，虽然写作的过程也很开心，但你说我不想这本书大卖，不想由此写出一点名气，那肯定是假的。所以，对于我们普通人而言，踏实地做事而不带有过分的功利之念，努力修养身心而不以此沽名钓誉，或许更容易些吧。

搬砖与观蜡

> 身不宜忙，而忙于闲暇之时，亦可儆惕惰气；心不可放，而放于收摄之后，亦可鼓畅天机。

> 身体不适合过于忙碌，但在闲暇的时候让自己忙碌一点，可以提醒自己戒除倦怠之气；心神不可过于放逸，但在精神高度集中之后放松一下，可以促进天赋灵机，使之更加畅达。

陶侃是东晋时的一位著名将领，他的曾孙就是田园诗人陶渊明。《晋书》中记载了一件关于他的事情：

侃在州无事，辄朝运百甓于斋外，暮运于斋内。人问其故，答曰："吾方致力中原，过尔优逸，恐不堪事。"其励志勤力，皆此类也。

简单地说，就是有空时他不好好休息，却喜欢搬砖。早上将一百块大砖搬到房子外面，晚上再搬回来。这种行为和明朝著名的木匠皇帝朱由校有得一拼，朱由校经常在皇宫中亲自设计建造各式木工建筑，造好了再拆，拆完了再建，享受的就是这个过程。

他们这到底是要闹哪样？

有人问陶侃原因，他回答说，我的志向尚未完成，如果现在就安于优逸闲适的话，以后恐怕难当大任，所以要让自己忙碌一些。

这便是"儆惕惰气"。

孔子就不必介绍了，《孔子家语》中记载了这样一件事：

子贡观于蜡，孔子曰："赐也，乐乎？"对曰："一国之人皆若狂，赐未知其为乐也。"孔子曰："百日之劳，一日之乐，一日之泽，非尔所知也。张而不弛，文武弗能；弛而不张，文武弗为。一张一弛，文武之道也。"

——《孔子家语·观乡射第二十八》

蜡（音乍）是一个祭祀农神、祈求丰收的活动，先秦时期，这也是一场盛大的全民狂欢节，虽然只有一天，却十分热闹。子贡观看了蜡祭后，孔子问他："你觉得快乐吗？"子贡却回答说："整个国家的人都像发了狂一样，我不知他们哪里快乐。"孔子说："百日的辛劳才换来一时的放松，这不是你所能知道的。只紧张，不松弛，文王、武王也做不到；只松弛，不紧张，文王、武王都不那么做。紧张与放松相结合才是文王、武王治理天下的法则啊。"

这便是"心放于收摄之后"，节日存在的意义，大约也是为此吧。

《格言联璧》中说："天下最有受用，是一闲字，然闲字要从勤中得来。天下最讨便宜，是一勤字，然勤字要从闲中做出。"与本则异曲而同工。

天心若何

一点不忍的念头，是生民生物之根芽；一段不为的气节，是撑天撑地之柱石。故君子于一虫一蚁不忍伤残，一缕一丝勿容贪冒，便可为万物立命、天地立心矣。

一点不忍为害的念头，是供养人民、生长万物的根源；一段有所不为的气节，是顶天立地的柱石。所以君子对一虫一蚁都不忍心伤害，对一丝一缕那样的微小利益都不允许自己贪图，这样，就可以为万物立命，为天地树立道德准则了。

前文中我们已经说过古人重视立志，下面说几个历史上较为有名的立志故事。

李斯者，楚上蔡人也。年少时，为郡小吏，见吏舍厕中鼠食不絜，近人犬，数惊恐之。斯入仓，观仓中鼠，食积粟，居大庑之下，不见人犬之忧。于是李斯乃叹曰："人之贤不肖譬如鼠矣，在所自处耳！"

——《史记》

秦始皇的丞相李斯，年轻时看到不同老鼠的不同表现之后感叹，环境（权利、财富）对人的影响多大啊，做人就和做老鼠是一样的，言外之意，做人就要做大老鼠一样的人。李斯倒很坦白，我就是要追求功名利禄。后来的他，当然成功了，只是最后的结局，未必是他想要的。

比追求名利更宏大的志向是什么？刘邦、项羽同学告诉我们答案。

历史很奇妙，或者说，人与人之间的命运很奇妙，你以为和最后决定你命运的人只是初见，其实却是重逢。你们早在一种不知情的情况下便相遇了。秦始皇南巡，威仪煊赫，观者如潮，其中有两个人不得不提，一个人感慨地说："大丈夫当如此也！"他是刘邦，未来的汉高祖。一个人淡然地说："彼可取而代之也。"他是项羽，未来的西楚霸王。比名利更宏大的志向，是江山。

那么还有比江山更远大的志向吗？有！但并不是守卫银河系、半个响指干掉半个宇宙之类的暴走理想。而是这样四句话：

"为天地立心，为生民立命，为往圣继绝学，为万世开太平。"

怎么样，霸气吧？此为北宋学者张载的名言，被后人称为"横渠四句"（张载，号横渠先生）。本则说"便可为万物立命、天地立心矣"便是脱胎于本句。

下面我们要讲的内容，同样很霸道。不要一看西方哲学动不动就什么自由意志、表象世界、历史之河之类的概念，就觉得我们的哲学格局太小。今天我们就来说点宏大的，什么是天地之心。

首先，天地有心吗？

天心这个词，最早来自《易经》："一阳来复，复旦天心。"

一阳来复可算是比较冷门的成语了，"恁是一阳来复后，梅花柳眼先春发"。当时读到这句诗完全是一头雾水。古人认为天地间有阴阳二气，这两种气是随时变化着的，在冬至这一天，阴气达到顶峰，但物极必反，阳气也开始在这一天产生，这便是"一阳来复"。用现代科学来解释，冬至日太阳直射南回归线，再往后，太阳直射点便慢慢地向北回归线移动，北半球开始回暖，逐渐变得昼长夜短。两种解释都描述了这种变化，只是古人更感性，而科学更本质。

那么复于何处呢？"复旦天心"，复归于天地之心。由此可见，天地是有心的。

其次，天心是什么？

回答这个问题，首先要知道天的功能是什么。天空无垠，可不是只供人仰望的，我们华夏先民很早就朴素地认识到天地具有化生万物的功能。"天生烝民，有物有则。"（《诗经·大雅·烝民》）而孔子的感叹则更广为人知："天何言哉？四时行焉，百物生焉，天何言哉？"天地虽然不言不语，但万物却默默地产生了。天的功能便是"生"，万物与人都是自然长期演化的结果，所以《易传》中总结道："天地之大德曰生。"

天地不仅生万物，而且养万物。

就以我们生存的地球为例，它与太阳的距离、它的倾斜角度，都恰到好处。如果地球距太阳比现在近，将会太热，反之则太冷。由于地球的自转轴与公转轨道平面之间存在着一个倾斜角度，使太阳的直射点可以在南北回归线之间移动，从而产生了昼夜长短的变化和四季的交替。如果没有这个偏角，热的地方将总是热，冷的地方将一直冷，生命很难繁衍。不仅距离与倾斜，宇宙中各个物理参数的数值都不能再大些或再小些，只有保持现在这个样子，生命才能存在。换句话说，自然定律惊人地适合生命存在。科学家们用人择原理来形容这种现象，我们就不展开了，感兴趣的同学可以自己去了解下。

很神奇，不是吗？

天地之心就是天地间生生不息的力量，可是若对生命无爱，如何会生养万物？所以，天心即仁心。"仁者，天地生物之心。"（朱熹）

最后，仁是什么？

从造字角度研究的话，《说文解字》中说："仁，亲也，从人二。"意思是"仁"是一个会意字，意义由人和二组成，二人，即两个人，两个人也可以称为偶，独则无偶，偶则相亲。仁便是彼此之间相亲相爱，心中装着他人，关心他人。

许慎对这个字的解释是符合传统的，《礼记·中庸》中这样定义：仁者，人也。

经学大师郑玄为我们解惑，这其中的人乃是"相人偶"的人。什么叫"相人偶"？这是一句汉代俗语，"人"是他人，即"尔"，"偶"作为人称代词，即"我"，相为互相，相人偶表示你我之间关系亲密。

人为万物之灵，情感最为敏锐，最能理解仁爱的感情。所以，人才有资格代表天心，懂得仁爱的人，才可以为天地立心。

现在我们就明白了，作者为何说："一点不忍的念头，是生民生物之根芽；故君子于一虫一蚁不忍伤残，便可为天地立心矣。"他其实是在谈仁，是对儒家思想的肯定。

"一段不为的气节，是撑天撑地之柱石"，说的又是什么？

仁与义，岂可离，这句讲的便是义。我们经常谈义，可什么是义？东汉刘熙写过一本书，专门解释事物的名字，书名就叫作《释名》。大千世界，万物纷呈，欲知其详，必先释名。他给出了义的概念："义，宜也。制裁事物，使各宜也。"义就是理所应当，理应如此的事，如果有些事不合理，那就裁剪取舍，使它合理。"路见不平，拔刀相助"，之所以会被认为是一种义气的行为，理由就在这里。

一缕一丝勿容贪冒，贪冒则违义。

这段话说得逻辑清晰，条理分明，但并非洪应明的创见，却是他的心得总结。

行仁履义，为天地立心，勉之！

我看你像佛

拨开世上尘氛，胸中自无火炎冰兢；消却心中鄙吝，眼前时有月到风来。

拨开世上那些尘俗氛围，心中自然就没有烈火般的斗争、如履薄冰般的戒惧；消除心中那些鄙俗念头，眼前自然常常可以看到朗月清风。

我们能看到一个怎样的世界，很大程度上取决于我们以一个怎样的角度去看。

朱光潜先生在他的随笔集《谈美》中，举过这样一个例子，木材商、植物学家、画家三个人去看同一棵松树，可看到的东西，却大不相同，三人的反应态度也不一致。你心里盘算它是宜于架屋或是制器，思量怎样去买它，砍它，运它。我把它归到某类某科里去，注意它和其他松树的异点，思量它何以活得这样老。我们的朋友却不这样东想西想，他只在聚精会神地观赏它的苍翠的颜色，它的盘屈如龙蛇的线纹以及它的昂然高举、不受屈挠的气概。

之所以会这样，是因为每个人的身份不同，看事物选取的角度便也不同。他们分别代表了实用的、科学的、美感的三种角度。这三者之间，有无高下之分呢？这要看用什么标准来衡量。如果从品德修养的角度出发，审美的眼光，更为重要些。毕竟海德格尔有句名言：人要诗意地栖居在大地之上。

做法也并不如何艰难，不过是"消却心中鄙吝"，消除心中那些庸俗的、过于功利的念头，自然会为"美"留下空间，自然能以审美的眼光去看待这个锦绣世界。当你以审美的眼光去看时，你就真的看到了清风朗月。

苏子在他的千古名文《赤壁赋》中写道：壬戌之秋，七月既望，苏子与客泛舟游于赤壁之下。清风徐来，水波不兴。举酒属客，诵明月之诗，歌窈窕之章。少焉，月出于东山之上，徘徊于斗牛之间。白露横江，水光接天。

纵一苇之所如，凌万顷之茫然。浩浩乎如冯虚御风，而不知其所止；飘飘乎如遗世独立，羽化而登仙。

这里的景色真美啊，可曾在这里争雄天下的曹操和周瑜两个人看到了吗？没有，他们看不到。因为他们看江山的角度是占有，所以他们只能看到哪里险要、哪里应该放置多少的兵力，而看不到这里的山与明月。

从前的苏子也看不到，那时的苏子名满天下，意气风发，心中想着的，也是功成名就，脚下追逐的，也是名利双收。直到他经历了沉浮之后，游走过生死边缘之后，他才放下心中鄙吝，以一种享有的眼光去看山川风月，他才能看到：

惟江上之清风，与山间之明月，耳得之而为声，目遇之而成色，取之无禁，用之不竭，是造物者之无尽藏也，而吾与子之所共适。

用一颗旷达洒脱的心去看时，就真正看到了山月本身的自然之美。

同样的，拨开那些污浊的尘俗，那些过于功利的眼光。什么学校就是一个小社会啊，职场如战场啊，你要学习人情练达，你要交有利用价值的朋友，你要学会察言观色……这样不累吗？每天一起床就上战场，一见人便挂起伪装，一听人说话便揣摩不已：他这样说是否另有含义？她的一笑是否在提醒我什么？你的胸中，时时刻刻装满了谨慎、疑虑，这不就是火炎冰兢吗？这样的生活，这样的你，真的是你所期望的吗？

简单一点，才会快乐。

你以什么样的心态、眼光去看风景，就会看到什么样的风景。

最后我们用一个苏东坡与佛印的小故事来结尾：有一次，他们两个人在一起打坐参禅。苏轼突然问：你看看我像什么？佛印回答：我看你像尊佛。苏轼很得意，对佛印说：可我看大师，就像一堆牛粪。佛印竟然只是富有意味地笑笑，没有进行反驳。苏东坡得意之余，又有点纳闷。回家后和苏小妹说了这件事，苏小妹笑着说，你知道参禅的人最讲究的是什么吗？是明心见性。你心中有什么，眼中就有什么。佛印说看你像尊佛，那说明他心中有佛。至于你说佛印像牛粪……呵呵。

画心

面上扫开十层甲，眉目才无可憎；胸中涤去数斗尘，语言方觉有味。

脸上打扫开十层甲壳，眉目才不觉得讨厌；心中洗涤去数斗尘埃，谈吐才觉得有趣味。

《女神异闻录》是一款风格极为独特的单机游戏，我对其中的人格面具概念很感兴趣。最初以为只是游戏开发者的杜撰，了解之后才知道，竟然是一个心理学概念。

这个概念的提出者是瑞士心理学家卡尔·荣格，荣格将一个人人格中的某一方面比喻为面具，在不同的社交场合人们会表现出不同的样子，形象地说，也就是戴上了不同的面具。这些面具，把一个真实的自己隐藏了起来。这点并不难理解，想想自己，是否在父母面前时，呈现出一个听话乖巧的你；而在熟悉的朋友面前，则是一个放松随意、不拘小节的你；而到了男／女朋友面前，又是一个风度翩翩的你。

你可以把这个概念，看作是"面上甲"的现代解释。

在"逢人只说三分话，未可全抛一片心"等诸如此类的"传统文化"教育下，我们太多人，都喜欢戴着面具出门。

客观地说，其实适度的面具不仅无害，而且还很必要，它能使我们顺利地和各种人打交道，进行交际，得到朋友圈的接纳。但当修饰语为"十层"的时候，问题就严重了。因为面具毕竟是面具，它的本质是一种伪装，它掩盖起真实。

想想看，一个青春靓丽的女孩子对你明媚一笑，礼貌地请你帮她提一桶水，你当然无法拒绝，帮助这样温柔善良的女孩子简直就是男人义不容辞的责任啊。可你如果知道，在你转身离开后，她冷冷地对身边的朋友说，这人就是一个傻瓜，我利用他都不知道，我对他笑笑他就晕了。你还会觉得她的眉眼美丽吗？

不仅如此，更严重的危害在诺贝尔文学奖得主威廉·戈尔丁的作品《蝇王》中，有深刻的展示。杰克和他的同伴们在孤岛上为了生存猎杀野猪。他们在脸上涂满了各种各样的颜料，用来掩护自己。杰克说，脸被涂上颜料的感觉非常奇妙，就好像一部分的自己被隐藏了起来，而在那片颜料下的自己，就好像是整个事件的一个旁观者，罪恶感被慢慢地淡化，最后觉得带着颜料的自己做任何事都再平常不过。

这就是面具的负面力量。

戴着这样面具的你，必然是狰狞丑陋的。

洗净心中的尘垢，说话才会淡而有味，回味无穷。这其间的道理，只是四个字：言为心声。

与尘土气相对的，是仙气，我们引一个堪称地上散仙的诗人的一件事来说明这一点：

"每与人谈论，皆成句读，如春葩丽藻，粲于齿牙之下，时人号曰：'李白粲花之论。'"

——《开元天宝遗事·粲花之论》

看看，谪仙人胸中自无俗气，只有仙气，于是随便与人聊天的言语，竟也都如口吐莲花一般。

苏门四学士之一的黄庭坚也总结说，士大夫三日不读书则面目可憎，言语无味。

其实我们做老师的，尤其是语文老师，也都多有体会。随时读几本书，讲课时都会觉得语言流利有味，如果一星期不看一本书，再上课时，无须听课的人评论，自己都觉得言语枯燥，缺乏吸引力。

因为读书，也是洗涤胸中尘土的方法之一。

最后忽然想到一点。

爱美之心，那当然是自古皆然，无可厚非的。有了美丽的容貌，又施以淡淡的妆容，倾城倾国。所以几乎每个女人都喜欢化妆，更有甚者，不化妆便不肯出门。

只不过，如果换个角度来看，佛家将人的外表称作皮囊，那么长得好呢，就叫作好皮囊而已；那么化妆？当然也可以叫作画皮。听到这里，你一定想起周迅在电影《画皮》中演绎的那个鬼魅——画皮，美丽的容貌下却是可怕的真实。所以，女孩子们，不要太迷恋化妆，要先学会画心，有一颗温柔善良的心，你的眉目自然动人，你的言语自然有味。

巧合的是，电影《画皮》的主题曲刚好叫作《画心》。

有容乃大

> 我果为洪炉大冶，何患顽金钝铁之不可陶熔。我果为巨海长江，何患横流污渎之不能容纳。
>
> 我若是规模宏大的熔炉、技艺精湛的良工，怎么会担心熔化不了坚硬的金属、粗劣的矿石；我若是浩瀚的大海长江，怎么会担心不能包容那些污浊的河流沟渠。

《菜根谭》许多地方，的确如菜根一般，越嚼越有滋味。它有感而发，针对生活中每个人都会遇到的问题，给出药方。这个药方作者以"过来人"的身份先尝过，后开出，保证了疗效。如果你觉得吃了之后没效果，那多半是药引的分量还不足，该药引名为阅历。

这一则针对的问题又是什么呢？

引一段小说《神雕侠侣》：

姓陈的大表敬佩，认定杨过一定是仰慕羊祜的为人，才叫他们在此地相聚。

姓孙的却说："我曾听恩公（杨过）说，羊祜生平有一句话，最是说到心坎中。"

姓陈的连忙问："什么话啊？你慢慢说，我得用心记一记。连恩公都佩服，这句话定是非同小可。"

谁知姓孙的说："当年陆抗死后，吴主无道，羊祜上表请伐东吴，既可救了东吴百姓，又乘此统一天下，却为朝中奸臣所阻，因此羊祜叹道：'天下不如意事，十常居七八'，恩公所赞赏的便是这句话了。"

此话一出，大出姓陈的所料，让他颇为失望。

其实姓陈的那人不该失望，这句话才正是说出了生活的底色，试问，有谁没有遇到过烦恼？有谁不曾遭遇过困境？大到安身立命，小到夫妻拌嘴。既然无法避免，那么接下来的问题便是，我要如何面对？

第一种，我烎！

其实烎还真有其字，当然在现代汉语词典上是查不到的。在《康熙字典》上有，不过字形小有出入，火字上面是两个分开的"干"，读音为"yín"，本义是光明。按照正确的读音，用全拼输入法就可以找到这个字。网友们古字新用，用它来表示斗志昂扬，火力全开，你越厉害我就越要挑战的意思（汉字真是博大精深）。

"烎你就像碾一只蚂蚁！""烎你没商量！""男人，重要的不是帅，是烎！"

这种精神很积极，遇到困境不逃避，就如《亮剑》中的名句：狭路相逢勇者胜，面对强大的敌手，明知不敌也要毅然亮剑。"烎"字能获得大家的热拥，倒可以看作这种精神在互联网上的延续。

不过若时时刻刻都做一个战士，未免太累了，生活中虽然烦恼多多，可毕竟不是战场。

第二种，我怼！

这个字也是古已有之，但感情色彩却和第一种不同，颇有怨气。《说文解字》中解释得干脆利落："怼，怨也。"

一言不合就开怼，感觉不爽就怼回去，无须心平气和，更不必讲什么道理。许多现实中压抑挫败的人，更是将怨气释放到网络中去，怼天怼地，肆意攻击。

怼出现的地方，总带着三分戾气。

如果不想成为喷子或愤青，这种态度也莫取。

第三种，自黑。

自黑和自嘲的意思差不多，更多了一份随意，是面对压力时的一种自我释放。你说我是猪，可我告诉你，其实我连猪都不如哦，然后大家哈哈一笑，似乎烦恼就在这样的"幽默"中化解了。运用得好的话，不仅能博得"黑得漂亮"之类的称赞，还能显示自己很接地气，不作不装，网络时代，这很重要。

只是，你真的什么都不在乎吗？自黑背后，难道没有一丝无奈吗？你怕别人说你笨，于是你先说自己的大脑售价比爱因斯坦还要高；你怕别人说你丑，于是你笑着先说我长得很中庸，说明我热爱传统文化。很多话，从自己嘴里说出来，不会像从别人嘴里听到那样尴尬难过，如是而已。

那么除了这三种方式之外，还可以怎样？作者给了我们另外一种态度：包容。

形形色色不完美的人所在皆是，丑恶污浊不正常的事随处可见，一味地拒绝和逃避，无异于掩耳盗铃。不考虑自己的能力与地位，固执地战斗对抗，也往往会两败俱伤。

为什么不试着去包容？

哈佛大学无人不知，但在哈佛校史上曾有这样一件事。那时大学校园南墙外紧邻着一个贫民窟，治安环境很不好，学生们经常受到骚扰。于是学校就修了一道围墙，将学校与之隔开。不过基本没什么效果，围墙经常被破坏，骚扰变得更严重。负责人对此很头疼，这时有人建议，推倒围墙，对他们开放听课。负责人先是一愣，随即笑了，对啊，自己怎么忘了大学的基本功能了呢。于是他们推倒围墙，开设免费的公开课，所有人都可以去听。结果一段时间过后，效果非常好。几年之后，南墙一带竟然成了哈佛很活跃和治安很好的地区。

阻隔，让人更加愤怒，而包容，却迎来了理解。

我国的北京大学也以善包容而闻名。冯友兰老先生回忆说："学校四门大开，上课铃一响，谁愿意来听课都可以到教室门口要一份讲义，进去坐下就听。发讲义的人，也不管你是谁，只要向他要，他就发，发完为止。"

不唯教育如此，为人处世更加需要包容。

八拜之交其中的一交——"管鲍之交"，说的是管仲与鲍叔牙。这两个人是非常好的朋友，不然又怎么会被选入八拜之交。

首先鲍叔牙就能够包容管仲的很多缺点。管仲曾自述说："吾始困时，尝与鲍叔贾，分财利多自与，鲍叔不以我为贪，知我贫也。吾尝为鲍叔谋事而更穷困，鲍叔不以我为愚，知时有利不利也。吾尝三仕三见逐于君，鲍叔不以我为不肖，知我不遭时也。吾尝三战三走，鲍叔不以我为怯，知我有老母也……"这些事在我们一般人看来，简直就是背信弃义，这样的朋友一定要绝交。但管仲却认为大行不必顾及细谨，而难得的是，鲍叔牙理解他。

有意思的是，齐桓公四十一年，管仲病重，齐桓公问他谁可以继任宰相，并问得很明显:"鲍叔牙可乎?"。大家都以为他必然会说可。因为鲍叔牙确有才干,又是管仲的挚友,舍此其谁呢。但管仲推荐的却是公孙隰朋。

为什么?因为管仲说:"鲍叔牙善恶过于分明,夫好善可也,恶恶已甚,人谁堪之?鲍叔牙见人之一恶,终身不忘,是其短也。"也就是说,鲍叔牙不能够藏污纳垢,不能够包容。而做宰相,却必须要能容。你以为满朝全是君子就最好了?如果真是那样,许多事都办不成了,小人虽然人品不佳,但许多具体的事务,却一定要他们才办得成。

鲍叔牙知道后,很感慨,说管仲真是了解我啊,不仅不生气,还很开心,这个知己没交错。

但是,你以为包容很容易吗?你看作者的用词:洪炉大冶,巨海长江。何为洪炉?"阴阳为炭兮,天地为炉。"何为大冶?必有高超的技艺和卓绝的意志、勇气者。这是多么大的气魄,就像苏子的一句词:有情风万里卷潮来,无情送潮归。要先有这样的境界了,才可以去包容。

可事情还没完,如果仅仅是包容了就结束了,那和无所作为、坐视不理又有什么区别呢?

真正的包容,是包容他们、影响他们、改变他们。

你一定知道休·杰克曼饰演的金刚狼,但你未必知道,狼叔其实还饰演过一个很经典的角色——冉·阿让,雨果史诗小说《悲惨世界》中的主人公。

冉·阿让本是一个诚实的工人,帮助穷困的姐姐抚养七个可怜的孩子。一年冬天,他找不到任何工作,为了不让孩子们饿死,他打碎了一块玻璃,偷走了一块面包,却以抢劫罪被判处苦役五年。他曾四次越狱,却都不成功,因此而被加刑,总共服了 19 年苦役。

当他终于出狱后,他敲遍了迪涅城里所有的栈房和民房,但没有一家愿意收留他。最后,只有米里哀神父热情接待了他,神父拿出家中唯一的奢侈品:两对银烛台和三副银餐具来款待这位刑满释放犯。冉·阿让吃饱、睡醒后,并没有感恩,反而偷走了那三副餐具,因为这几件银器至少能卖二百法郎,而他服苦役十九年的全部积蓄,是一百零九法郎又十五个苏。

他没有任何愧疚,因为从出狱的那一刻,他就准备在出狱后痛痛快快地报复社会一番。冉·阿让得手后,翻墙离去。可不幸的是,他很快便被警察抓了回来，当警察押着冉·阿让再次来到神父家时，他已不抱任何希望。但神父说的话，却令他惊愕：

"呀！您来了！"他望着冉·阿让大声说，"我真高兴看见您。怎么！那一对烛台，我也送给您了，那和其余的东西一样，都是银的，您可以变卖二百法郎。您为什么没有把那对烛台和餐具一同带去呢？"

冉·阿让睁圆了眼睛，瞧着那位年高可敬的主教。他的面色，绝没有一种人类文字可以表达得出来。

米里哀神父送走了同样迷惑不解的警察后，走向冉·阿让。

主教走到他身边，低声向他说："不要忘记，永远不要忘记您允诺过我，您用这些银子是为了成为一个诚实的人。"

冉·阿让绝对回忆不起他曾允诺过什么话，他呆着不能开口。

主教说那些话是一字一字叮嘱的，他又郑重地说："冉·阿让，我的兄弟，您现在已不是恶一方面的人了，您是在善的一面了。我赎的是您的灵魂，我把它从黑暗的思想和自暴自弃的精神里救出来，交还给上帝。"

之后的冉·阿让哭了，十九年来第一落泪。

冉·阿让哭了许久，淌着热泪，痛不成声，哭得比妇女更柔弱，比孩子更慌乱。

他那样哭了多少时间呢？哭过以后，他做了些什么呢？他到什么地方去了呢？从来没有人知道。但有一件事似乎是可靠的，就是在那天晚上，有辆去格勒诺布尔的车子，在早晨三点左右到了迪涅，在经过主教院街时，车夫曾看见一个人双膝跪在卞福汝主教大门外的路旁，仿佛是在黑暗里祈祷。

我们知道，后来他成了马德兰市长，将宽容与爱作为自己终生的信念。

世界上最宽广的是海洋，比海洋更宽广的是天空，比天空更宽广的是人的胸怀。

洪炉大冶，熔顽铁而取其精；

巨海长江，纳百川而成其大。

以此种精神为人，大气、敞亮。

以此种精神处世，磊落，光明。

古之人，不余欺也！

一念之别

以积货财之心积学问，以求功名之念求道德，以爱妻子之心爱父母，以保爵位之策保国家，出此入彼，念虑只差毫末，而超凡入圣，人品且判星渊矣。人胡猛然转念哉！

用积累货物钱财的心思积累学问，用追求功业名声的念头去追求道德，用爱妻子儿女的心思去关爱父母，用保全爵位的方法去保全国家，出离此念，进入彼念，两种念头只差一丝一毫而已，却可以超脱凡尘，进入圣贤的境界，人品高下也如天和地一般。人们为什么不猛然间调转念头呢！

积学问、求道德、爱父母、保国家，这样的人当然超凡入圣，但问题是，我要怎样成为这样的人呢？你不能只诊断出我有病，却不开方子啊。

一家名为儒氏医馆给出的方子上写着：己欲立而立人，己欲达而达人。这个方子用药的精髓在于爱有等差，推己及人。你可以先爱自己，但不要忘记了他人。方子符合人心，药性温和。

一家名为墨氏医馆给出的方子上则写着：兼爱。这个方子的核心是强调爱无等差，人与人之间不该分厚薄亲疏，你必须要像爱自己一样地爱别人。这是一味猛药，大多人不喜欢吃。

两个药铺吵了许多年，但事实是，大部分人选择去买儒氏医馆的方子。

明代的洪应明，传承儒氏医馆百年老字号，开出了一个改良版的方子。自己觉悟后还要觉悟他人，那是菩萨的境界，太难。而只管自己先觉悟的，是罗汉境界，我们还是先做罗汉好了。贪财贪私、好名好利，这些都是普通人身上的天性，他并不否定，只是建议我们转个方向。把这样的心推及求学、求道、孝顺父母、安邦定国这些方面上。依旧是推己，推自己心中的贪执之念，但无须及人，而是及至那些高尚、崇高的方面。

这个方法更贴合普通人的性情，转个方向比影响他人，确实要简单许多。所以他说念头只差一点，却可以超凡入圣，人品高下如天地之别。且不说修身做人，就说学习做事也是如此啊，以研究游戏攻略的心态去研究学习中的问题，以聊八卦的热情去处理工作，想不好都难。

人们为什么不猛然间转变念头呢？

是啊，为什么不呢？

自从一见桃花后

事理因人言而悟者，有悟还有迷，总不如自悟之了了；意兴从外境而得者，有得还有失，总不如自得之休休。

事理因为别人谈起才能领悟的，虽然有所领悟但还是会有迷惑，总不如自己领悟来得透彻；兴致因为外在的事物才能获得的，虽然得到了，但还是会失去，总不如自己得来的闲适快乐。

如果问老师的责任是什么，几乎每个人都会引用韩愈的话来回答：师者，传道授业解惑也。老师的责任便是传授道理、讲授课程，解答疑惑的。一直以来，这都是个很完美的回答，不过在新课改施行了数年之后的今天，如果你再问，几乎每个老师都会明确地告诉你，老师，是一位引导者、启发者。

教师的角色何以发生这样巨大的转变？道理就"自得自悟"四个字上。学生自己理解得到的知识，才会运用，才真正属于自己。

陆游七十五岁时写给小儿子一首诗，诗中两句话流传至今，"纸上得来终觉浅，绝知此事要躬行"。别人教给你的，你只是明白。自己实践得来的，才为理解。明白与理解之间，还差了许多个台阶。就好比你读了一篇老舍所写的《济南的冬天》、郁达夫的《故都的秋》，虽然文章是那样的生动精彩，可你真的可以说，我已经理解冬天、秋天的感受了，不必再去看了吗？

提到悟，没有比禅宗故事更能注释"不如自悟之了了"这句话的了。

佛教宗派之一的禅宗，他们传法的方式非常特别：教外别传，不立文字。直指人心，见性成佛。注意，不立文字，根本不用语言来阐述禅，全靠师徒心心相印来传法授意。因为禅的本质是心灵的一种境界，境界只可意会，不可言传，所以只能靠自己的体悟得来才是真正的禅，无论用怎样的语言来解释，都会有误解，都会偏离禅的本意。但如何知道我已经达到了这样的境界呢？用偈子。偈子类似古诗，但并不全然是诗，借此来表达自己体会到的境界。所以有许多精彩的悟道故事和偈子流传了下来。

灵云志勤禅师，苦心参禅数十年，但就是久未契悟。直到有一天，灵云禅师抬头看见一树桃花灼灼，忽然悟道，平生所有的疑问，都一时消散。于是作偈曰："三十年来寻剑客，几回落叶又抽枝。自从一见桃花后，直至如今更不疑。"我追寻大道真如已经三十多年了，冬去春来，叶落枝发，也小悟了很多次，可始终不能明心见性。今天一见到满树的桃花，我悟得了佛法真谛，得证大道，永远都不会再怀疑了。这种事情，你说能因他人言而悟吗？

《禅宗颂古联珠通集》记录了这样一个悟道故事：一个小和尚始终不能放下红尘心事，非常烦恼。那天他行走在街市之上，鞋袜松了，他便低头去收拾鞋袜。就在这时，路旁楼上的歌女唱了一句歌，小和尚呆住了。他被这无意间听到的一句歌词点化顿悟，立刻看破红尘、顿悟禅机。为了纪念自己特殊的顿悟缘起，小和尚自号为"楼子和尚"。这句歌词是：你既无心我便休。

金华山俱胝和尚是唐代禅师，他向天龙禅师求问什么是佛法，天龙禅师也不说话，只是伸出一根手指。就这么一指，俱胝就大彻大悟了，这就是有名的一指禅，也叫"天龙一指"。以后俱胝和尚说法，别人问他什么是佛法？他也这样手指一伸，你懂不懂他都不再多说一个字了。因为你若不懂不悟，说了也没用。

故事还没完，有一天俱胝出门了，他的徒弟小沙弥在家。他看到别人向师傅求法时，师父总是伸手一指，也不说话。刚好这天又有人来找师父求法，小沙弥就学师傅的样子伸手一指，那人一看，扑通就给跪了，他悟了。可小沙弥还是一头雾水。等俱胝和尚回来，小和尚向他报告今天的事情。俱胝哦了一声就进去了，过了一会儿转身又出来，手背到身后，问小沙弥，你再说一遍你怎么接引那个居士的？小和尚就把手指一伸，说时迟、那时快，师父背在身后的手一挥，一道寒光闪过，一刀把他的这个指头砍了下来。小和尚大呼一声痛，突然又不说话了，为什么，因为他悟了。

别问我他悟到了什么，我也不知道，但我可并不想谁砍我一刀。

修养品德，不是说说而已，能解释仁义礼智，并不表示能理解它们，真悟真得的途径自然是实践，就让我们从实践开始吧！

酒吧关门便离开

欲遇变而无仓忙，须向常时念念守得定；欲临死而无贪恋，须向生时事事看得轻。

想要在遇到变故时不仓促忙乱，必须在平时就牢牢守住每一个心念；想要面临死亡时而不贪恋生命，必须在活着的时候就事事看得轻一些。

王徽之与王献之是大书法家、大名士王羲之的儿子，还是儿子中比较出众的两个。人们经常比较、评论两个人，但两个人气度才学都差不多，人们一直没能分出个高下。其实群众也是无聊，人家两兄弟感情很好，你们干吗非要分出个高下呢。

结果有一次，兄弟俩在屋中读书，房子突然起火。王徽之见状急忙跑出去，连鞋都没顾上穿（喂，你的名士气度呢？）。王献之就不一样了，气定神闲，从容呼唤仆人，等仆人跑过来，在仆人的搀扶下慢慢走出。

经此一事，大家终于不闹心了，弟弟王献之的气度高啊。

起火当然属于意外的变故，遇到这等变故时还能够从容，是因为平时就很淡定，修养很好。

夜卧斋中，而有偷人入其室，盗物都尽。献之徐曰："偷儿，青毡我家旧物，可特置之。"群偷惊走。

——《晋书·王献之传》

注意这个"徐"字，他早醒了，知道小偷们在偷东西，却全然不在乎。直到最后才慢悠悠地说，这个是我家传了几代的旧物了，我很有感情，这个给我留下吧。其他的无所谓。而小偷们竟然被惊吓跑了。

闲话一句，他们两兄弟感情真的很好，让人动容。

子猷（王徽之）、子敬（王献之）俱病笃，而子敬先亡。子猷问左右：

"何以都不闻消息？此已丧矣！"语时了不悲。便索舆奔丧，都不哭。子敬素好琴，便径入坐灵床上，取子敬琴弹，弦既不调，掷地云："子敬！子敬！人琴俱亡。"因恸绝良久，月余亦卒。

——《世说新语·伤逝》

说到死亡，怎样离开才算不痛苦呢？《书经》上记载了五种福德：一曰寿、二曰富、三曰康宁、四曰修好德、五曰考终命。考终命通俗地说就是善终，生命到了尽头的时候，自自然然地就走了，没有百病缠绕，没有种种眷恋不舍和挣扎，也没有挂碍烦恼，这就是"好死"，是一种难得的福德。如何能做到？除了平时多行善积德外，还要做到"生时事事看得轻"。

我们引两句名言，对比一下看看。

一句来自文学史上吝啬鬼的典型——葛朗台：

当教士把镀金的受难十字架送到他的唇边，让他吻吻上面的基督时，他做了一个吓人的动作，想把它抓过来，而这最后的努力耗尽了他的生命；他叫欧也妮，尽管她就跪在他的床前，他却看不见。欧也妮的眼泪淋湿了他已经冷却的手。

"父亲，您要祝福我吗？"她问。

"把一切照顾得好好的！到那边来向我交账！"

一句来自英国首相温斯顿·丘吉尔，当记者问到已经身患重病的他如何看待死亡时，他说：

"酒吧关门时，我便离去。"

一句何等执着，一句何等洒脱。

生之潇洒，尽在后一句中。

桑 染

（人事纷繁，涉世点染，对应应酬）

滑铁卢的一秒钟

> **操存要有真宰，无真宰则遇事便倒，何以植顶天立地之砥柱？应用**
> **要有圆机，无圆机则触物有碍，何以成旋乾转坤之经纶？**
>
> 坚守节操要有坚定的主见，没有主见遇到事情就会不知所措，这样
> 怎么能树起顶天立地的中流砥柱？适应现实要能随机应变，不知变通接
> 触事物时就会有所阻碍，怎么能成就扭转乾坤的大事呢？

真宰即坚定的主见、心中的原则。圆机即权衡变通，权是秤锤，通过它的左右移动，可是使秤达到平衡。我们把一个人能够灵活应对各种情况，适时改变做法以达到事情平衡的行为叫作权变。

喜欢科幻小说的朋友们大概都知道一个著名的机器人三定律。

第一定律：机器人不得伤害人类个体，或者目睹人类个体将遭受危险而袖手不管。

第二定律：在不违反第一定律的情况下，机器人必须服从人给予它的命令。

第三定律：在不违反第一、第二定律的情况，机器人要尽可能保护自己的生存。

——阿西莫夫《我，机器人》

三大定律中，第一定律是核心原则，在恪守这个原则的情况下，机器人可以并应该拥有一定的自由度，灵活处理突发情况。你看，最讲求按程序来做事的机器人尚且如此，做人就更加是这样了。为人处世，既要有原则，又要能变通。

分别叫约翰和哈里的两个年轻人同时进入一家蔬菜贸易公司工作。他们都很努力工作，但半年后，约翰升职又加薪，前途一片光明，而哈里却一切

如旧。不服气的哈里找经理理论，经理便让他做一件事：公司现在打算预订一批土豆，你去看一下哪里有卖的。

半小时后，哈里回来汇报："二十公里外的蔬菜批发中心有卖。"

"那里一共有几家卖土豆的？"

半小时后，哈里又回来了："一共有三家。"

"土豆的价钱是多少？三家的价格都一样吗？"

疲惫的哈里准备再次出发，但经理叫住了他，并将约翰叫来，下达了同样的任务。

四十分钟后，约翰回来汇报：二十公里外的蔬菜批发中心有三家卖土豆的，其中两家价格为 0.9 美元一斤，而另一家则 0.8 美元一斤。我看了下他们家的土豆，不仅便宜，质量也好，如果我们需求量大，还可以再优惠一些。我已经把负责人带了回来，正在公司候客室等着，要不要让他进来具体谈一下？

什么都不必说了，哈里很惭愧。

这个名为两名员工买土豆的故事有许多版本，主人公名字一变再变，土豆也曾化身为西红柿，但无论怎么变，主旨却始终如一——处事要懂得应变。经理虽然只是让你去看看，但公司既然已经准备预定了，那么和预定相关的种种信息肯定都需要。哈里很踏实，却缺少圆融的才能。

再讲一个更令人感慨不已的故事，准确地说，这其实不是故事，而是历史——

提起拿破仑，我们紧接着会联想到的一个词，我敢说肯定不是法兰西第一帝国、雾月政变、小个子等，而是滑铁卢。

滑铁卢是他一生中唯一的一次大败，却决定了他个人的命运与欧洲历史的走向。通常人们认为由于拿破仑决策失误而造成失败，尽管令人叹惋，却也没什么好说的。但其实，在两军激烈地交锋过数次之后，战斗进入相持阶段，拿破仑与威灵顿都在焦急地等待着自己的援军，他们很清楚，谁的援军先到，谁就能赢得胜利，然而：

人们都知道这是圣让山的炮声，滑铁卢战役已经打响了。

格鲁希立即开会征求各位将领的意见。他的副手热拉尔急不可耐地说："部队这时应该立即向开炮的方向进发！"第二个发言的将领也认为，部队应该立刻朝开炮的方向运动，而且速度一定要迅速！在格鲁希的军队里，几乎所有的人都清楚地意识到，拿破仑已经向对面的英军发动了攻击，重大的一次战役已经打响。

但格鲁希这一刻依旧举棋不定。这个平时习惯了服从命令的人，谨小慎微地抱定了写在纸上的拿破仑的命令：去追击被击溃正在撤退的普鲁士军队。他的副手热拉尔看到他犹豫不决，就有些冲动地说："部队赶紧朝开炮的方位靠拢！"当着二十多名军官和平民，这位副司令的话简直像在下达命令，而且口气里丝毫没有请求的意思。他的话让格鲁希感到非常不快。因此，格鲁希语气强硬、态度严厉地告诉他，在皇帝下达撤回命令之前，他绝不会擅离职守。所有的军官都感到绝望了，就在这个时候本来还在隆隆作响的炮声却不祥地沉默下来。

——《人类群星闪耀时》

还有什么事情能够比战争更加需要灵活应对、见机行事的呢？作者茨威格无法控制地感慨着，如果格鲁希能够变通一点，那么拿破仑本人、法国、欧洲，乃至世界的命运将发生怎样的改变？那真的就成就旋转乾坤的经纶大事了。

最后要说明一点的是：变通必须围绕着原则来进行，不是胡变、乱变。第一个故事中，约翰再怎么灵活变通，也不能提着一只北京烤鸭回来，毕竟采购的中心议题是土豆。如果权变失去了原则，那就要换一个词来形容了：反复无常。

三杀史官

当是非邪正之交，不可少迁就，少迁就则失从违之正；值利害得失之会，不可太分明，太分明则起趋避之私。

面对是非正邪聚合的时候，不可以稍微让一点步，让一点步就会违背原则；面对利害得失相纠缠的时候，不要太斤斤计较，太过计较就容易产生趋利避害的私心。

据说曾有这样一个统计：如果可以重新选择自己的职业，你会选什么？

得票最高的答案是演员。这并不意味着大家想进娱乐圈，而是因为（这个统计要求写下理由）：演员可以体验多种身份的人生。

那么好，假设现在你就是一名监考老师，正在监考着最重要的一项考试：高考。你小心谨慎地做好每一个细节和规定动作。终于，宣告最后一堂考试结束的铃声响起，你长出一口气，开始收卷。然而，意外出现了：一名考生突然发现有几道选择题忘记填涂机读卡了，只有几道，只要几秒钟就好。于是他哭着哀求你，老师，给我几秒钟，就几秒钟。你和他都知道这是决定命运的考试，他读了十多年的书就是为了这一刻。那么，你该不该迁就一点，通融一下，这样似乎更合乎人情吧？

错！此刻你必须毫不迟疑地警告他，如果他不听，你必须抢下他的试卷，尽管心中很不忍。不仅仅因为考试手册规定你必须这样做，更重要的是，如果你稍微迁就了他这么一下，你就违背了一个最重要的原则——公平。同样的时间与题目，你多给他几秒时间就是对其他考生的不公平，也许就因为他多对了那几道选择题，别人的命运就改变了。

这样的时刻，可能是一位老师职业生涯中最有可能遇到的"是非邪正之交"的时刻。

我们都知道太史公司马迁，太史是官职名，负责史书的撰写整理等工作。史官写史的一个重要原则就是：据事直书。

春秋时期，齐国权臣崔杼因为某个原因设计杀害了当时的国君齐庄公。站在今天的角度看，他谋害国君的原因是可以被原谅一些的：齐庄公与他的妻子棠姜私通，还把私通时顺来的崔杼帽子赏赐给其他大臣。或许他想以此来秀一下恩爱，但岂不闻秀恩爱、死得快乎？崔杼因此怀恨在心，最终动了杀机。

不过我们不要随意乱开上帝视角，处在当时人的价值观念下、当时史官的立场上，齐庄公再怎么胡闹也不是商纣王，你崔杼再怎么解释也是想要报私怨，那你就比不了周武王，所以武王可以称为伐，在你这里，就只能叫弑。以下犯上，臣杀君，大逆不道，没什么好解释的。

崔杼让史官改，史官不改，崔杼一怒之下杀了史官。按当时惯例，太史一职基本世袭传承，父亲传给儿子或者哥哥传给弟弟。史官家一共兄弟四个，二弟继承史官职位，继续秉笔直书，某年某月某日，崔杼弑君。崔杼也恼了，看看是你们的脖子硬，还是我的钢刀硬，再杀！三弟依然这么写，继续杀！最后面对老四的时候，崔杼说："汝三兄皆死，汝独不爱性命乎？若更其语，当免汝。"老四回答说，史官就应该据事直书，如果做不到，那生不如死。真是有骨气！

崔杼最后也不敢再杀了，叹息一声，你们爱怎么写就怎么写吧。这就是崔杼三杀史官的事，记载于《春秋左传·襄公二十五年》。

对于这几位史官而言，这个时刻，正是史家一生中的是非邪正相交之时，史官的荣耀与骂名，就都在这一刻的选择中了，所以绝不迁就，绝不让步，否则就对不起手中的董狐笔，对不起历代据事直书的史官。他们宁肯牺牲生命，也要维护史书尊严，于是后世的我们才得以见到这样的记录：

"周灵王二十四年，齐庄公六年，春三月乙亥，崔杼弑齐庄公光于其府。"

但当面对的是利害得失之时，做法可就要相反了——不可太计较。

季文子三思而后行。子闻之曰："再，斯可矣！"

——《论语》

凡事三思，一般总是利多弊少，为什么孔子听说以后，反而并不同意季文子的这种做法呢？因为据记载，季文子这个人祸福利害之计太明，皆三思之病也。也就是说这个人思考得太过仔细，把一件事翻来覆去地考虑再三，利害得失都弄得太过明白，过于世故了，这样做其实有害德行，所以孔子有此评论。

临大义时不可夺，对小利时轻得失，既有君子的庄重，又不失名士的洒脱，多好。

王熙凤真的精明吗

伺察以为明者，常因明而生暗，故君子以恬养智；奋迅以为速者，多因速而致迟，故君子以重持轻。

把侦察当作明智的人，常常因为自视精明而陷入愚暗，所以君子用平和恬淡的心态来涵养智慧；把飞奔当作迅速的人，常常会因为过于追求速度而导致延迟，所以君子用稳重的态度来对待小事和细节。

本则提醒我们接人待物、应酬处世时要留意的两个盲点：伺察与奋迅。

伺察即仔细审视，与明察秋毫近义，可明察秋毫是褒义词啊，怎么反而成为需要注意的盲点了呢？

若问《红楼梦》中最精明的人是哪一个？必属王熙凤无疑。我们来看邢夫人找她商量讨要贾母身旁侍女鸳鸯的这一段情节。邢夫人或许以为这事真有可成，但王熙凤一想便知，根本没戏，自己如果贸然去帮忙讨要，一定会惹得贾母不高兴，于是说道："依我说，竟别碰这个钉子去。老太太离了鸳鸯，饭也吃不下去的，那里就舍得了？况且平日说起闲话来，老太太常说，老爷如今上了年纪，作什么左一个小老婆右一个小老婆放在屋里，没的耽误了人家……"

邢夫人听了自然不高兴，而一见邢夫人不悦，王熙凤立刻话锋一转："太太这话说得极是。我能活了多大，知道什么轻重？想来父母跟前，别说一个丫头，就是那么大的活宝贝，不给老爷给谁？背地里的话哪里信得？我竟是个呆子。"

邢夫人立刻又高兴起来（这是多么好哄的一个女人啊），并说了自己想出的一个办法：兵分两路，让王熙凤去拖住贾母，自己则去劝说鸳鸯。王熙凤听完后，书中给了一段心理描写，真是精彩：

凤姐儿暗想："鸳鸯素习是个可恶的，虽如此说，保不严他就愿意。我先过去了，太太后过去，若他依了便没话说，倘或不依，太太是多疑的人，只怕就疑我走了风声，使他拿腔作势的。那时太太又见了应了我的话，羞恼变成怒，拿我出起气来，倒没意思。不如同着一齐过去了，他依也罢，不依也罢，就疑不到我身上了。"

这一段情节下来，将王熙凤精于伺察的性格刻画得入木三分。她把每个人的性格、每种可能性、自己所处的境况，都伺察得清清楚楚，不可谓不精明。但一个人过于注重细节，反而看不到大义，反而会忽略真正珍贵的东西。你看王熙凤这一番说辞与心理中，有半点真情吗？半点也没有。她只看到如何做对自己有利，如何做才不受牵连，她看不到亲人间的情感、主仆间的恩义，这就叫"因明而生暗"。当贾府没落后，没人怜惜她，没人同情她，连平时无足轻重的一个小丫鬟也拿言语冷嘲热讽地挤对她，可这又能怪谁？平时你太过精明，眼中没有真情，此时理应如此。最后王熙凤凄凉而死，应了那句"机关算尽太聪明，反误了卿卿性命"。

《红楼梦》中的王熙凤如此，现实中的"王熙凤"们亦该以此为戒，不要把过分精明当成一种美德。

多写一笔，《红楼梦》中谁最不会伺察？谁把别人对她的戏弄都当作真心？是刘姥姥，可最可贵的真情，就在她身上。她卖房卖地救巧儿的一幕，是最温情的一幕，也是电视剧对原著扩展得最好的一处。事情办妥后，她和巧儿坐在简陋的马车上回去，刘姥姥开心地笑了，这个笑容胜过《红楼梦》中所有的繁华。

再提一个人物，杨修。

曹操杀杨修，多被理解为妒才，可曹操包容了许多有才华的人啊，为什么独独容不下杨修？因为杨修伺察曹操心意，次次不爽，这样的人，谁敢留？万一哪天你背叛我，跑我对手那边去了，我不是只有等着一败涂地的份儿？

修又尝为曹植作答教十余条，但操有问，植即依条答之。操每以军国之事问植，植对答如流。操心中甚疑。后曹丕暗买植左右，偷答教来告操。操见了大怒曰："匹夫安敢欺我耶！"此时已有杀修之心。

你连我心中想什么、要问什么都能猜测出来，你说我还能留你吗？

杨修是那么聪明的人，可以洞察到细节背后隐藏的真相，却不能斟酌情势，选择看破而不说破，偏偏处处急着展现自己敏锐的洞察力，最后招来杀身之祸。这也是令人叹息、因明而生暗的好例子。

至于因速而致迟的道理，我们用一则寓言来说明：一个卖橘子的小商贩想赶在城门关闭之前进城，便匆忙赶路。可走了许久也不见城门，刚好迎面走来一路人，小贩便问自己大概什么时候才能到达城门。正所谓高手在民间，路人的回答非常具有哲理意味："如果你慢慢走，关门之前可以到达。如果你走得很快，多半就到不了了。"小贩完全不理解这是什么意思，所以继续快速赶路，结果因为心急步快摔了一跤，橘子都散落在外，他不得不停下来捡橘子，耽误了许多时间，最后没能在城门关上前到达。

这时，他才明白路人话的意思。

这时，你我才知道，《菜根谭》里这句话的用意。

刻鹄不成尚类鹜

遇大事矜持者，小事必纵弛；处明庭检饰者，暗室必放逸。君子只是一个念头持到底，自然临小事如临大敌，处密室若坐通衢。

遇到大事才庄重矜持的人，对待小事必定很松懈；在明亮厅堂才检点仪容的人，在暗室内必定放纵。君子只是一个念头坚持到底，自然遇到小事如同遇到大事，独坐密室如同坐在宽街一般。

当我们黯然神伤于以往率性而为的自己渐渐被生活教会怎么做人，渐渐变得棱角全无、小心翼翼、亦步亦趋、如履薄冰时，要知道，这世间确是有过一些真正不拘小节、洒脱不羁的人物。

王子猷乘舟行了一夜，只想去见一见朋友，却在到达之后转身便走，只因兴致已不再。

阮籍听说邻家一个才貌双全的女儿刚入花季便死去，于是跑去大哭，哭得伤心欲绝，哭完便走，因为他根本不认识这家人，更不认识死者。他哭的是命运不公，红颜薄命。

陶渊明性不解音，却保留着一张素琴，每逢朋友来到，便弹奏一曲来抒发心情。问题是，这张琴上空无一物，既无琴弦也无琴柱，弹起来当然也没有声音。不过没关系，"但识琴中趣，何劳弦上声？"

然而他们并非所有时候都这样随意放纵，他们也有庄重敬肃的一面。

王徽之与弟弟王献之感情很好，王献之去世后，他去哀悼，拿过弟弟曾经喜爱的琴来弹，却怎么也调不好琴弦，最后把琴扔到地上说，子敬啊子敬，你的人和琴都不在了！说完悲痛得昏了过去。阮籍听到母亲去世的消息后，悲恸欲绝，吐血两次。陶渊明并不只写"采菊东篱下，悠然见南山"的淡泊诗句，笔下也有"刑天舞干戚，猛志固常在"的勇气，也有"良才不隐世，江湖多贱贫"的慨叹。

正因为他们也有这样的一面，人们对他们的评价才高，不叫他们浪子，而目为名士。

但洪应明显然对这类平素不拘小节、偶然正经一下的人物颇不以为然。你看他的用字，他说这些遇到大事才知道矜持的人，"小事必纵弛"，一个必字，批评之意尽出。他推崇的是"君子只是一个念头持到底"，才是那些能够始终如一、宠辱不惊的君子。

那么前一类人物纵弛放逸，后一类人物稳重谨肃，你更愿意学哪一种人？

我想多半是前者，洒脱随性、不拘小节的人总更有吸引力一些，而且，也更容易学些。不过先别忙下结论，看看古人怎么说。

东汉马援乃史上著名的伏波将军，后人尊其为"马伏波"。伏波就是降服波涛的意思，这个称呼是对人能力的一种肯定。他曾经写过一封书信教他的两个侄子如何做人（不要误会，就只是长辈很真挚地关爱晚辈而已），信中列举了两类人物：

"龙伯高敦厚周慎，口无择言，谦约节俭，廉公有威。吾爱之重之，愿汝曹效之。杜季良豪侠好义，忧人之忧，乐人之乐，清浊无所失。父丧致客，数郡毕至。吾爱之重之，不愿汝曹效也。"

龙伯高为君子的代表，杜季良为侠士的代表，他都表示爱之重之，却告诉他的两个侄子，希望你们学习龙伯高，而不是杜季良。既然你都爱之重之，为什么还要这样说？原因就在下一句中：

"效伯高不得，犹为谨敕之士，所谓'刻鹄不成尚类鹜'者也。效季良不得，陷为天下轻薄子，所谓'画虎不成反类狗'者也。"

若非天性便旷达洒脱，就不要轻易去学这种气度，否则很容易东施效颦，画虎不成反类其犬。忘了曾在什么书中看到过这样一则事情：一个读书人十分推崇鲁智深，认为这才是真修行、真佛性。听他总这样赞扬鲁智深，他家中的小书童便动了学习的心思，于是昨天还好端端的稳重的小书童，今天起突然变得大呼小叫，大吵大闹，不守任何规矩，更不听书生的任何招呼，反而大声说书生不懂自己。你看，这真是学到了鲁智深的洒脱吗？

所以我们还是老老实实从基础做起，一个念头持到底吧。这样才能一点一点修养出良好的品行，不为情势所左右。到了那时候，再去学得潇洒一点、脱略一点，也未为迟矣。

贝勃定律

> **使人有面前之誉，不若使其无背后之毁；使人有乍交之欢，不若使其无久处之厌。**
>
> 与其让人当面称赞，不如让他不在背后诋毁；与其让人感到刚刚交往的喜悦，不如让他感受不到长久相处的厌烦。

如果你性格直率坦诚（就是单纯），如果你初次来到四川，那么你多半会很开心，因为无论走到哪里，都会听到大家一脸自然而然地喊你"帅哥"或"美女"。语气是那样的自然，所以一定不会有假，以至于到后来你都不好意思了，不禁反问自己：明明已经是一个中年大叔了却还帅成这个样子真的好吗？

其实，你想多了。

这是四川地区对人的客套性称呼，他们对谁都这样叫。

客套话、场面话、礼貌话、寒暄话……都是一种面前之誉，虽然不能归之于虚伪一类，但共通点都是：你不可太当真。

不久前曾有一则新闻，一个程序员去相亲，很中意女孩，但女孩却不"感冒"。理工科的人喜欢探究原因，便追问为何，女孩回答，一个二十七岁的男生还穿特步鞋来约会你自己觉得合适吗？男生很无语，又觉得很郁闷，于是把对话截图发到网上，想让大家评评理。广大网友一向愁没热闹可看，这个好段子岂能放过？各方评论吐槽汹涌而来，特步公司也借机宣传，一时间好不热闹。其中一则评论我觉得一语中的：说你穿特步不合适你不爱听，难道非说你难看你才明白？

女孩子若是没看上你，你喝个水都能成为分手的理由。反之，你就是穿拖鞋去那也是魏晋风流。

而另一种面前之誉则更加要不得:

"尤忌文学之士,或阳与之善,啖以甘言而阴陷之。世谓李林甫'口有蜜,腹有剑'。"

——《资治通鉴·唐玄宗天宝元年》

一次李林甫与李适之聊天,恭维了他几句,诸如"您夙兴夜寐,为国操劳,当为今之楷模",然后告诉他华山有金矿,开采可以增加国库收入,但皇帝却还不知道这件事。李适之大喜,赶忙上书建议。皇帝召来李林甫商议,李却说华山有金矿谁不知道,只是这里是龙脉风水所在,不能妄动,他李适之怎么可以这样建议,有何居心?皇帝从此不再信任李适之。

权力场上,面前之誉如甘糖,背后之毁如刀剑,不吃甘糖,不过无味而已;背后若中刀剑,则有性命之虞。

你也许要生气了,难道就没有人当面真挚地称赞我吗?肯定也会有,所以洪应明并没有彻底否定面前之誉,他只是说这种面前之誉不如无背后之毁。民间俗语说,"欲知心腹事,单听背后言"。因为在背后的议论才无须顾及,才是心里话。不是有句半开玩笑的话说,孩子们的友谊开始于在背后一起说别人坏话吗?肯这样做,当然对你不设防,友谊也就开始了。

恒常待闻人道深公者。辄曰:此公既有宿名,加先达知称,又与先人至交,不宜说之。

——《世说新语·德行》

有人议论(大约是不好的议论)深公,深公是一位和尚,俗家姓王,本为世家子弟,后看破红尘出家。他精研佛法,弘法时听讲者多达数百人,连皇帝都很敬重他。恒彝就劝阻说这个人修养很好,不可以议论他。他的修养究竟好到什么地步我们不知道,恒彝的话却如同一个侧面描写,深公做到了让人无背后之毁。

而下一句,乍交之欢不若无久处之厌,难度直接跳级。

为了更好地理解这一点,我们先来了解一个心理学名词:贝勃定律。专业一些的描述为,第一次刺激可以缓解第二次刺激的强度。通俗些的解释就是，人们一开始受到的刺激越强，对以后的刺激也就越不感冒。诗意化的说法叫作"曾经沧海难为水，除却巫山不是云"。

举个例子：你每天深入研读李白的诗歌，然后我找你来品评一下我苦心写出的诗歌。你看过之后，感受多半为"面若春水微皱（微笑鼓励一下，面前之誉嘛），心如古井不波（对于这样的诗我完全无感）"。因为李白给你的刺激太强烈了，极大地提高了你诗歌品味的阀值。

宕开一笔，要是一个人从来都没有受到过某一方面的刺激又如何？

"赢得一颗从未谈过恋爱的心，就像走入一座不设防的城。"

——小仲马《茶花女》

在这个意义上，我倒希望少男少女们多受一点刺激才好，才更容易找到适合相伴一生的人。

初次约会的你，女孩子稍微打扮一下，你就会觉得她光彩照人，照亮了你从前灰暗的生命。如果她盛装而来，你一定会觉得什么"一见倾心""一眼万年"原来并不是无聊文人的虚构想象。可是相处久了呢？如果没有更新鲜的一面展示给对方，他（她）多半就觉得从前的惊艳也不过如此，所以说"人生若只如初见"。

现在你知道久处无厌有多难了吧？你得无法穷尽他，每次见面、交游，都仿佛又重新认识了一般，总有新鲜感、陌生感。

这该是怎样的修养？

就我知道的历史人物而言，大约有三个人做到了这一点。

子曰："晏平仲善与人交，久而敬之。"

——《论语》

能尊贤显卑，可使于四方的晏子能做到。

"与周公瑾交，如饮醇醪，不觉自醉。"

——程普

周公瑾就是周瑜，著名的周郎。程普比周瑜年长，但地位却在周瑜之下，心中不服，于是数次折辱周瑜，但周瑜每次都很容忍。后来程普对周瑜就改观了，主动与之亲近，交往一段时间后，发感慨道：与周公瑾交往，就如同喝陈年的美酒一样，不知不觉间就令人沉醉了。我总怀疑这句话才是"我也是醉了"这个流行语的最早出处。

再有一位，就是羊祜。

羊公还洛，郭奕为野王令。羊至界，遣人要之。羊祜在郭便自往。既见，叹曰："羊叔子何必减郭太业！"复往羊许，小悉还，又叹曰："羊叔子去人远矣！"羊既去，郭送之弥日，一举数百里，遂以出境免官。复叹曰："羊叔子何必减颜子！"

——《世说新语》

这一小段文字描写的是羊祜与郭奕见面时的情景，随着交往的深入，郭奕对羊祜的称赞呈现出一幅单调递增函数图像：羊祜怎么会不如我呢？羊祜比其他人强太多了！羊祜不比颜回差啊！最有意思的是，因为送羊祜送出了规定的地界，他的官职因此而被罢免，但他一点也不后悔。

想见其为人，这是我读到这里时的第一感觉。

现今的社会上，想吃满汉全席的人很多，想吃清粥小菜的人却很少，这本无可厚非。但不要忘记，前者惊艳却易腻，后者质朴却无厌。

剑吹白雪

> **好察非明，能察能不察之谓明；必胜非勇，能胜能不胜之谓勇。**
>
> 喜欢明察秋毫并不是真正的明智，该清楚的清楚、不该清楚的便不清楚，这样才是真正的明智；战无不胜并非勇武，能够战胜对手，也能够选择输给对手，这才是真正的勇武。

结婚纪念日这天，女人甲收到了丈夫的礼物——一枚金质吊坠。她留意了下牌子，一个很普通的品牌，这说明它应该不贵。但她也明白，最近家中开销比较大。丈夫回家时，她把吊坠戴好，甜甜地说："我还以为你忘了呢？它可真好看。"

同样是结婚纪念日，女人乙收到丈夫的礼物——一对样式普通的耳环。

丈夫回家后，她立刻发问："这耳环多少钱买的？"

"一千多。"

"发票呢？"

"唉，忘在办公室了。"

"办公室？你今天上午在办公室？"

"啊……对啊。"

"那这耳环在哪里买的？"

"专卖店。"

"编！你就用力编吧你！专卖店在市中心，而且就那么几家。你上午还在办公，你哪有时间去买？"

"我，我之前买好的。"

"之前？具体哪一天？"

"那怎么还记得住？"

"我告诉你，你说一个谎话，就要用更多的谎话来圆。说，这东西到底多少钱？在哪买的？"

"五百多，在单位附近，我实在没时间，纪念日又不想什么礼物都没有。"

"哼，就知道是这样。"

第二天，女人把这件事讲给闺密听，并以此作为自己明察秋毫的证据，扬扬自得。

那么问题来了，两个女人，谁会得到生活的幸福呢？

"好察"并非不好，不懂人心，才叫"非明"，读懂漏洞的同时，也要读懂人心。

《孟子》中记载了这样一件事。郑国贤臣子产收到一条活鲤鱼，他把鱼交给小吏，让他养在池塘中。但小吏偷偷把鱼煮来吃了，然后却煞有介事地报告了一番鱼儿在水中是如何一点点恢复活力最后游走的过程，说得绘声绘色，有眉有眼。这位小吏若是投身创作行业，想必也会是个好写手。子产回答说很好，它得到合适的去处了，"得其所哉"。

不觉得这句话很像双关语吗？

小吏出去后就有点小得意：谁说子产聪明贤德，连我的谎话都看不透，竟然还说什么得其所哉。

这大概是最早的"人艰不拆"了吧。子产眼光深远，虑事周详，一见小吏如此绘声绘色地描述，便知这是一种欲盖弥彰的做法。如果真的放养到池塘中，只需报告一句"已入池矣"便可，哪用这样复杂？可他看破不说破，是给小吏留有余地，显示了一种仁德。

这就叫读懂人心，能察，也能不察。

那能胜能不胜，为何反而是勇？

相信即使你不是一个武侠小说爱好者，也一定听过西门吹雪这个名字。因为古龙实在是太会起名字了，"剑吹白雪妖邪灭，袖拂春风槁朽苏"。化用得多么巧妙，姓氏和名字的搭配又多么和谐。在圆月之夜，紫禁之巅，西门吹雪与同样剑术精绝的白云城主叶孤城之间进行了一场决战，是能胜能不胜的最佳注释：

这时候，星光月色更淡了，天地间所有的光辉，都已集中在两柄剑上。

两柄不朽的剑。

剑已刺出！

刺出的剑，剑势并不快，西门吹雪和叶孤城两人之间的距离还有很远。

他们的剑锋并未接触，就已开始不停地变动，人的移动很慢，剑锋的变动却很快，因为他们一招还未使出，就已随心而变。

别的人看来，这一战既不激烈，也不精彩。

魏子云、丁敖、殷羡、屠方，却都已经流出了冷汗。

这四个人都是当代的一流剑客，他们看出这种剑术的变化，竟已到了随心所欲的境界，也正是武功中至高无上的境界！

叶孤城的对手若不是西门吹雪，他掌中的剑每一个变化击出，都是必杀必胜之剑。

他们剑与人合一，这已是心剑。

陆小凤手上忽然也沁出了冷汗，他忽然发现西门吹雪剑势的变化，看来虽然灵活，其实却呆滞，至少比不上叶孤城的剑那么轻灵流动。

叶孤城的剑，就像是白云外的一阵风。

西门吹雪的剑上，却像是系住了一条看不见的线——他的妻子、他的家、他的感情，就是这条看不见的线。

陆小凤也已看出来了，就在下面的二十个变化间，叶孤城的剑必将刺入西门吹雪的咽喉。

二十个变化一瞬即过。

陆小凤指尖已冰冷。

但是，能够必胜的叶孤城，却选择了败：

直到现在，西门吹雪才发现自己的剑慢了一步，他的剑刺入叶孤城的胸膛时，叶孤城的剑已必将刺穿他的咽喉。

这命运，他已不能不接受。

可是就在这时候，他忽又发现叶孤城的剑势有了偏差，也许只不过是一两寸间的偏差，这一两寸的距离，却已是生与死之间的距离。

这错误怎么会发生的？

是不是因为叶孤城自己知道自己的生与死之间，已没有距离？

剑锋是冰冷的。

冰冷的剑锋，已刺入叶孤城的胸膛，他甚至可以感觉到剑尖触及他的心。

然后，他就感觉到一种奇异的刺痛，就仿佛看见他初恋的情人死在病榻上时，那种刺痛一样。

那不仅是痛苦，还有恐惧，绝望的恐惧！

因为他知道，他生命中所有欢乐和美好的事，都已将在一瞬间结束。

现在他的生命也已将结束，结束在西门吹雪的剑下！

可是，他对西门吹雪并没有怨恨，只有种任何人永远都无法了解的感激。

我的心中已有名利污垢（叶孤城谋划刺杀皇帝），纵使胜了你，也洗不去这份污浊了。既然我对剑已不诚，那么，为何不成全对剑至诚的你？你是我最尊敬的对手，就让我，用生命来成全你不朽的声名吧！

能舍己成人，超越名利，故谓之勇。

功成身退天之道

宇宙内事要力担当，又要善摆脱。不担当，则无经世之事业；不摆脱，则无出世之襟期。

天下家国之事要尽力担当，又要善于摆脱。不能担当，就无法建立安邦定国的事业；不能摆脱，就不能保持超脱世俗的胸怀。

古人认为，以人为师，不及以天地为师，所谓"人法地，地法天"。那么天地告诉了我们什么呢？有许多，其中一条为：功成、名遂、身退，天之道也。建功立业，是担当；功成身退，是摆脱。

这一条成为我们传统文化中品评人物高下的重要标准。

在这样的标准下，我们也来附庸风雅一回，请沏上几杯清茶，邀上几个好友，让他们放下手中的手机，一起来品评一下汉初三杰。

韩信的传奇程度毋庸多言，自从萧何月下追韩信、韩信登台拜帅之后，便开始了开挂一般的兵家人生。我们只需看看他为后世留下多少成语和典故：胯下之辱、漂母进饭、明修栈道、暗度陈仓、临晋设疑、木罂渡军、背水一战、拔帜易帜、传檄而定、半渡而击、四面楚歌、十面埋伏、一饭千金，等等。一个人能为后世留下一个成语或典故就可以知足了，而到了韩信这里，则直接打包操作。

发现韩信的萧何则是一位守成型人才，全面负责后勤统筹工作，从无差错。"萧规曹随"这个典故足以表明后人对他能力的肯定与赞美。

"参代何为汉相国，举事无所变更，一遵萧何约束。"

——《史记·曹相国世家》

话说曹参接替萧何做了汉朝的相国后，所有事务都没什么改变，完全没有新官上任的样子，就只是遵守萧何制定的规约。选拔郡县和封国的官吏时：

呆板而言语钝拙、忠厚的长者，就召来任命为丞相史；说话雕琢、严酷苛刻、想竭力追求名声的官吏，就斥退赶走他。卿大夫以下的官吏和宾客见到曹参不做事，就想劝说他，结果见到有人来，曹参就把醇厚的美酒给他们喝，官员们想要有话说，曹参就又让他们喝酒，喝醉以后才离开，最终也没法说。后来皇帝也坐不住了，就找他来问，曹参说："陛下觉得自己和高皇帝比哪一个圣明英武？"皇上说："我怎么敢与先帝比呢！"曹参又说："陛下看我的能力和萧何比哪一个更强？"皇上说："你好像赶不上萧何。"曹参说："正是如此，高皇帝和萧丞相平定天下，法令已经完善且明确了，现在陛下垂衣拱手，我等恪守职责，遵循前代之法不要丢失，不也可以吗？"惠帝这才明白他的用意，说了一声善。

至于"运筹于帷幄之中，决胜于千里之外"的张良，一个"谋圣"的称呼足以表明他的地位，古往今来那么多谋士，可能够被称为谋圣的人屈指可数。后世君主称赞自己的能臣时，多喜欢用"吾之子房"一语，足见其影响。

那么这三个人，哪一个更胜出一些？

应该是张良。因为只有他，功成名就之后，并不留恋权位。他辞去了刘邦令其自择齐国三万户为食邑的封赏，而谦请封与刘邦相遇的留地，故后世称张良为留侯。之后的张良摒弃万事，专心静修，终得善终，以至于后人甚至传说张良已修道成仙。

而韩信，终究不能放弃得到的一切，行事亦不收敛，最后被猜忌，被杀掉。

萧何也不愿放弃，所以也被刘邦猜忌，但他及时听从门客的建议，化解了这种猜忌，可终究不能完全消除高祖的疑虑，后来甚至遭受牢狱之灾。晚年的萧相国，"置田宅必居穷处，为家不治垣屋"。也渐渐开始摆脱名利，最后平安离世，但比起张良的洒脱，还是差了一层。

他们三个人，在秦末纷乱之际，都有担当天下事的胸怀，最后也都建立了安邦定国的功业。可有人能随即潇洒地摆脱，有人摆脱得不彻底，有人则不能摆脱，最后结局，也便不尽相同。

男儿当然应该有担当，不担当，何谈功业？无功业，岂不有负这宝贵的生命？可建功立业之后呢？

莫忘初心。

我安邦定国，是为了天下百姓的福祉；

我名留史册，是为不辜负此生的意义。

名利爵位，都只不过是附加的奖励而已，如果贪恋不去，不是本末倒置，违背了最初的志向吗？

曾经无所畏惧的布衣少年，不要老去。

所以还要身退，要摆脱对名利的贪执，守护好自己的初心。

担当过经天纬地的事业之后，功成身退，当你老了的时候，每天浇浇花、写写字，在午后温暖的阳光下看花猫扑蝴蝶。刚刚看完《复仇者联盟》，沉浸在英雄崇拜情节中的小孙女跑过来对你抱怨：爷爷，你怎么整天无所事事啊？你不屑地一笑："你爷爷我年轻时可是拯救过世界的，要不要听听这个故事？"小女孩赶忙搬来小板凳，一脸期待地看着你。

此生无憾矣。

一笑泯恩仇

> **邀千百人之欢,不如释一人之怨;希千百事之荣,不如免一事之丑。**
>
> 获得千百个人的欢心,不如消解一个人心中的怨恨;追求千百件事的荣耀,不如免除一件事的恶名。

佛经上说,人生有八苦:生、老、病、死、爱别离、怨憎会、求不得、五蕴盛。

怨憎会中的"会"是碰到、聚集的意思。自己所讨厌的、憎恨的都聚集过来,无论怎么逃,却总是会发生。

应酬处世,难免结怨于人,结下仇怨之后,该如何呢?

你可以报怨,以牙还牙,以眼还眼,或者再心胸狭隘一点,睚眦必报。可是你以为你报完怨就完了?人家也要报啊。于是乎冤冤相报,何时了?

仇怨的种子一旦种下,便会代代生根,《罗密欧与朱丽叶》中,两个相爱的年轻人用生命为代价才化解了两个家族的世仇,这代价何其高昂。况且,仇怨的种子必然要用愤怒、偏见、压抑等许多负面情绪的浇灌才能成长,心中充满了这些戾气,还有仁爱生长的空间吗?

其实我们还有一种选择:释怨。

蒲松龄先生在《聊斋志异》中写过一个叫作《青凤》的故事。故事的男主名为耿去病,听这名字便知此人举止狂放,是一狂生。耿去病狂放不羁,神鬼不忌,叔叔的宅院内闹鬼,他不仅不怕,还专门要去一探究竟。当夜晚楼上又一次传出声音时,他推门而入,看到一家"人"在吃饭,言笑晏晏。他不仅不怕,还直接入席,与对方谈论起族谱来,谈得高兴,老者叫出了自己的女儿青凤,而男主一见,"停睇不转",眼珠都动不了了。既而拍案曰:"得妇如此,南面王不易也!"

青凤对他也有情意，但她的叔叔却不允许，一次两人相会时，叔叔突然闯进来大骂："贱辈辱吾门户！不速去，鞭挞且从其后！"青凤急忙走掉，耿生尾随在后，听见叔叔不住地怒骂，又听见青凤嘤嘤地小声哭泣。

之后因缘际会，两人重逢并生活在了一起。而青凤的叔叔却遭到厄运，需要耿生帮忙搭救，耿生还有些记恨当初他阻挠两人的事，但青凤却很担心叔叔，担心耿生真的不施援手。她对耿生说，我很小的时候孤苦无依，全都是靠着叔叔养育才长大，那时他打我骂我虽然不对，但也是依照家法来做的。青凤不念旧怨，为自己叔叔求情，反观耿生，还是有点不能释怀，说就算这样，如果他真的把你打死了，今天我一定不救他。青凤笑曰："忍哉！（你真狠心）"这个笑曰，真是把青凤写活了，娇嗔、喜悦、感激，诸般感情，尽在其中。

结局皆大欢喜，至于青凤是什么所化，我们留个悬念给读者。

妖都能做到释怨，人当然也可以。

后赵皇帝石勒曾召从前的乡亲们一起共饮，但有一个人不敢来，这个人名叫李阳。他是石勒从前的邻居，那时石勒与普通人一样，他们两个人为了争一块沤麻池而互相殴斗过，如今他哪里敢来？石勒对众人说："阳，壮士也；沤麻，布衣之恨。孤方兼容天下，岂仇匹夫乎！"马上派人召李阳前来，见面后拉着他的手说，从前我被你饱以老拳，而你也被我打得不轻（看来石勒还挺有幽默感的），过去的事就算了吧。石勒认为李阳很勇敢，授予他参军都尉的官职。

为什么释怨比邀欢更难得？因为邀欢求之于外，只需投对方所好即可，而释怨却责之于内，要求自己的内心自信、宽容，这才能放得下。希荣不如免丑，也是一样的道理。

鲁迅先生在散文《风筝》中，说自己始终放不下小时候毁坏弟弟风筝那件事，随着阅历渐长，越明白爱玩乃儿童最正常不过的天性，越觉得自己所做不对，心中愧疚也越发深刻。他很想得到弟弟的原谅，从此放下心中的包袱。可弟弟已经忘记那件事了，他无法得到原谅，这件事的"丑"，要伴随他终身了。《风筝》的主题沉重而深刻：有些时候，"丑"无法被免除，我们得不到救赎。

我也知道还有一个补过的方法的：去讨他的宽恕，等他说，"我可是毫不怪你啊。"那么，我的心一定就轻松了，这确是一个可行的方法。有一回，我们会面的时候，是脸上都已添刻了许多"生"的辛苦的条纹，而我的心很沉重。我们渐渐谈起儿时的旧事来，我便叙述到这一节，自说少年时代的糊涂。"我可是毫不怪你啊。"我想，他要说了，我即刻便受了宽恕，我的心从此也宽松了吧。

"有过这样的事吗？"他惊异地笑着说，就像旁听着别人的故事一样。他什么也不记得了。

全然忘却，毫无怨恨，又有什么宽恕之可言呢？无怨的恕，说谎罢了。

我还能希求什么呢？我的心只得沉重着。

——《风筝》

荣耀与救赎想比，自然是后者为重，故曰希千百事之荣，不如免一事之丑。

也说落落难合

落落者，难合亦难分；欣欣者，易亲亦易散。是以君子宁以刚方见惮，毋以媚悦取容。

孤傲冷落的人，很难与人一拍即合，但结交后也不会轻易分手；和颜悦色的人，容易亲近却也容易散伙。所以君子宁可因为刚正而被人畏惧，也不会为了取悦于人而巧言令色。

古语有"白头如新，倾盖如故"之说。

最初我只是因为这两句对仗很工整便很喜欢，后来才了解到意思：有的人在一起生活了许多年，直到鬓发生雪，可依然不了解彼此。有的人却仅仅下车相互交谈了一会儿，便感觉如同多年相交的故人一样。

友情的深浅，不可以仅凭时间来衡量。

同样，结交朋友，也不可以仅凭第一印象便下结论。

华歆、王朗俱乘船避难，有一人欲依附，歆辄难之。朗曰："幸尚宽，何为不可？"后贼迫至，王欲舍所携人。歆曰："本所以疑，正为此耳。既已纳其自托，宁可以急相弃邪？"遂携拯如初。世以此定华、王之优劣。

——《世说新语》

华歆、王朗一起乘船避难，有一个人也想搭乘他们的船一起走。华歆起初并不愿意让那个人上船，似乎很没有善心，我们容易凭第一印象得出这个人冷酷自私的判断。而王朗热情爽快，说船的空间还宽敞，有何不可呢？一看便是容易亲近、热心肠的人。可事情之后的发展，却产生一个"突转"：王朗急于摆脱贼寇，想要丢下这个人，而华歆却拒绝了，继续带着这个人一起逃难。如此看来，最初以为热心者，正是易亲易散者，而最初以为落落难合者，恰恰是有始有终之人。

华歆为何坚持？因为急不相弃，即使在有危难的时候也不能舍弃对方，这是义，是华歆处理事务的原则，也是君子处世的标准。

为什么孤高磊落的人一开始难以结交？因为他们交朋友，有自己的标准。他会先用这个标准衡量一下你，在不知道你是否合乎自己的标准前，不会轻易拿出自己的友情。君子们的这个标准，多为道义。而那些常常面容和悦、与谁都能轻易打成一片的人，心中的标准要么十分宽泛，要么干脆没有什么固定的标准，"士也罔极，二三其德"。更有甚者，完全以利为标准，有利则聚，无利则散。

"君子喻于义，小人喻于利"是也。

王朗想赶那个人下船，便是从利的角度思考做出的决定；而华歆不准，则是从义的角度出发。至少在这一刻，王朗是小人，华歆是君子。

君子心中的这个标准原则，一经形成，便不会轻易改变，所以和这样的人成为朋友后，自然难分。

荀巨伯远看友人疾，值胡贼攻郡。

荀巨伯的资料不多，他是颍川人，颍川在三国时出了许多人才，时人叹曰："何颍川之多贤乎？"罗贯中解释为群星聚于此，天上的星宿都下凡在这里了，这是他在开脑洞，我们不必理会。仅知道他这个人也属于那种落落难合之人。当他知道朋友生病了（要知道在古代，一次小病也可能成永诀），他便前去探望，可不幸遇到了贼寇，但我们看他的表现：

友人语巨伯曰："吾将死矣，子可去。"巨伯曰："远来相视，子令吾去，败义以求生，岂荀巨伯所行邪？"

贼既至，谓巨伯曰："大军至，一郡尽空，汝何男子，而敢独止？"巨伯曰："友人有疾，不忍委之，宁以我身代友人命。"

贼相谓曰："我辈无义之人，而入有义之国！"遂班师而还。一郡并获全。

——《世说新语》

贼人们也算盗亦有道了。

《菜根谭》中的这一则，放到今天人际交往中，更有意义，因为今天的我们太强调合群了。

她们在聊八卦，背后议论某某的老婆嫁给了某某人真是浪费资源了啊，某某又买了几套房产啊……你虽然觉得这些很无聊，不想参与，可又怕被人说成不合群，于是只好违心地加入其中，唯唯应和，做亲切合群状。

你的室友们约好一起去网吧通宵打游戏，你本来想安安静静地度过这个周末的，看一场电影或读几页书，可你怕被大家孤立，于是只好参与其中，在头昏脑涨中度过了一个并不愉快的周末。

从前的你，不愿或不好意思说不，但现在的你，有理论武器了。如果他们笑你不合群，你便手执《菜根谭》，淡淡（一定要淡，如此才有高手风范）回应道："落落者，难合亦难分；欣欣者，易亲亦易散。"

"所以呢？"他们并不死心，想要反击。

"所以君子宁以刚方见惮，毋以媚悦取容。"

优秀的人并非不合群，只是他们的群里没有你，如是而已。

时哉时哉

鸿未至先援弓，兔已亡再呼犬，总非当机作用；风息时休起浪，岸到处便离船，才是了手工夫。

大雁还没有飞来就拉开弓弦，兔子已经跑了才呼唤猎犬，都不是抓住时机的正确举动；风住了就不要兴起波浪，岸到了就离开小船，这才是了解事情的修养。

若用一个字来概括本则主题的话，非"亟"莫属。

亟的小篆字形如下：亟。《说文解字》中说它的意思从人从口，从又从二。从的意思是依据，就是说人、又、口、二这几个部件组成了亟的意思。但任凭我们怎么开脑洞，只怕也想不到这四个字与"赶快"有什么联系。其实二是个抽象符号，一横代表天，一横代表地，又的小篆象形一只手，口就是口了，所以为《说文解字》做注释的学者徐锴解释说："承天之时，因地之利，口谋之，手执之，时不可失，疾也。"

这真是一个异常精彩的解释。

虽然现代学者已经知道了大量的甲骨文字形，由此研究出的字形字义更加接近真实。可我觉得，也没必要就大力批判之前的种种"误读"，正是这种误读，让汉字的魅力长盛不衰，常读常新。

时机来了，不可错过，时机，便是本则的"文眼"。洪应明一连列举了四种现象，非常形象地点出了四种面对时机时的态度。

大雁还没到，已经先张好弓搭好箭，此之谓先时。

先于时机到来便做好准备，有备无患，不是很好吗？若是其他事，这样自然很好，可时机是因天之时，承地之利而形成的，瞬息万变。时机可不是四季，春之后便是夏，夏之后一定是秋，今年如此，明年亦复如此。

以军事史上鼎鼎大名的马其诺防线为例，法国几乎倾举国之力、费十数年之功来设计、修建，完成之后，防御力几乎可以称之为次世代级别。然后法军就安心地等待"大雁"——德军飞来了，等待合适的时机与德军决战。法国人很自信，只要你敢来，就把你牢牢堵在防线上。但事实是，德国人直接绕过马其诺防线，从侧翼展开进攻，法军大败。抢占先机，并不总是好事，至少这次不是。

兔已亡再呼犬，则为失时，错过了捕捉野兔的恰当时机。

先时与失时，都不算准确把握时机，"总非当机作用"。这两者，为作者所非，那么何为作者所是呢？

风若息，浪便止，不要无风起浪，此之谓识时，识时务者为俊杰，为作者所赞。

好风凭借力，才能送我上青云，如果没有足够大的风，就会其负大翼也无力，又如何"图南"呢？自古便言时势造英雄，有哪个英雄，能完全离得了时势呢？时势已不在，便应顺应潮流，淡泊自守，何故无风而非要起浪呢？

我以一个武侠世界中的悲情人物来说明这一点，他是金庸先生笔下的慕容复。他出身武学世家，有着精湛的武功；他风华正茂，俊朗潇洒；他身边有一群忠诚的朋友；他有着良好的名声，江湖中人都知道"北乔峰、南慕容"的说法；他有真情，"神仙姐姐"王语嫣一直痴心爱恋着这位表哥。这一切都预示着他应该拥有一个光辉美好的人生。但他一生的悲情，却早已写在名字中，便是那个复字。

他是前朝皇族后裔，一生唯一的追求便是复兴大燕。

可那段历史早已远去，天下不再纷扰，宋、辽、金、西夏，彼此制约，彼此平衡，天下大势，格局已定。"风"早已息止多时，为什么还要抓住一个残梦不放？

为了这个梦，他做了许多努力，可金庸先生安排的情节用意也分外明显：世间事因缘和合，人力岂可强求？他本想利用少室山英雄大会的机会收伏天下群雄之心，却被段誉时灵时不灵的六脉神剑杀得颜面无存，羞愤之下几欲自尽。他想成为西夏驸马，借助西夏的力量复国，这本是最可能成功的做法。但谁知西夏公主心中早已有了虚竹，招亲不过是变相的寻人而已，可怜了那许多真心前来的人，造化弄人，无外如是。

所以最后他疯了，一个人，一个侍女，留在燕国复兴的美梦中。

我真希望某一天他能明白风息时休起浪的道理，然后从梦中醒来，对身旁陪伴着他一直不离不弃的阿碧说："谢谢你，我醒了，此后天大地大，我们一起去看吧。"

那该多好。

至于岸到便离船，则为顺时，说的是身退的道理，我们前面已经讲过，就不赘述了。

今天的年轻人，大多都怀有一颗创业的雄心，这自然很好，所以这一则，也就尤为重要，创业不讲时机，可以吗?

时机未到，便不轻举妄动。

时机已至，便当机立断，亟击勿失。

方兴未艾，正是大展拳脚，一争长短之时;

尘埃落定，正是功成身退，另辟蹊径之日。

子曰："山梁雌雉，时哉时哉!"

——《论语》

一碗阳春面

从热闹场中出几句清冷言语，便扫除无限杀机；向寒微路上用一点赤热心肠，自培植许多生意。

热闹喧嚣场所中的几句冷静言语，可以消除无限杀机；对身处寒微艰难中的人付出一点真心诚意，就可以帮他在心中培养起许多求生的希望。

语言是有力量的，但语言的力量离不开语境，若是在热闹场中，言语会起到怎样的效果呢？

这里的热闹场，并非大家言谈无忌、宾主尽欢的宴会场所，那样的场所中，有什么杀机可言？这里的场所是指君臣博弈、明争暗斗的官场。这里的清冷言语，也不是不带感情、冷冰冰的话语，而是谨慎冷静的言语。

清朝乾隆年间，有一人叫秦大士，乃秦桧的后人，此人才学出众，高中状元，受到乾隆皇帝的赏识，但乾隆问了他一句话：你是否真是秦桧的后人？

这句话中带着一点"杀机"，如果他直接承认就是奸臣秦桧的后代，那乾隆很可能取消他的状元资格，不然对天下人不好交代。可如果回答不是，则是欺君的罪过。怎么办？环顾左右而言他？先来一顿炽热言语：陛下圣恩浩荡，以仁义治天下，欲现三王之治……你还没说完呢？乾隆直接一句巧言令色、鲜矣仁！除名，下狱。心里话道：你当我那么好忽悠吗？

这时候，唯有冷静巧妙地回答，才能消却皇帝心中的疑虑，而秦大士的回答，堪称化解危局的教科书级言辞，他说：一朝天子一朝臣。

这一句回答有三大妙处：其一，避开了正面回答是或不是只能二选一的局面，使冲突得到缓和。其二，回答中默认了自己是秦桧的后代，没有欺君。其三，以用典的方式含蓄地表达了天子不同，臣子也不同的意思。您不是昏聩无能的赵构，那么我当然也不是不忠不义的秦桧。如今您是有道的盛世明君，我自然也是忠贞不贰的贤良大臣。赞美乾隆，又不露痕迹，乾隆如何不高兴？

后来的秦大士与清代才子袁枚成为莫逆之交，两人曾同游秦淮河，两岸风光绮丽，令秦大士触景生情，咏七绝一首："金粉飘零野草新，女嫱日日枕寒津。伤心慢莫悲前事，淮水而今尚姓秦。"一点慨叹，尽在最后一句。

通过冷静地判断，仅凭一句诗，就扫除了乾隆心中的一线杀机，更为自己在皇帝心中赢得了一个位置。不过反过来，几句冷静又无情的"清冷言语"，也可以凭空制造出几许杀机。

战国时楚怀王的宠妃郑袖，姿色美艳却善妒，又很有心计。魏惠王送给楚怀王一名魏国美女，怀王喜新厌旧，郑袖因此失宠。但她却并未敌视这个魏国美女，反而对她十分好，取得了她的信任。然后对她说大王非常喜欢你的美貌，可是不喜欢你的鼻子，你要想得到大王长久的宠爱，以后见大王时，最好把鼻子掩住。魏女很相信郑袖的话，此后见到怀王时便频频掩鼻。怀王不解，便问郑袖，郑袖故作犹豫，最后说魏女讨厌楚怀王身上的气味，所以如此。楚怀王大怒，命人割掉了魏女的鼻子，郑袖重新得到宠爱。

正因为言语有如斯之力，才应该把它化作一盏温暖的灯，照亮那些在寒微路上寂寞行走着的人，点燃他们心中的生机与温情。

来自日本作家栗良平创作的故事《一碗阳春面》，简单真挚，朴素动人。

北海道一家夫妻面馆在大年夜即将打烊时分迎来了三个客人，他们是母子三人，却只要了一碗最便宜的阳春面。老板很热情地接待了他们，并在送他们出门时说："谢谢，祝福你们过个好年。"第二年同样的时候，他们又一次来吃面，从他们的交谈中得知，原来母亲拼命地赚钱是为了偿还丈夫车祸前留下的债务，兄弟二人也都很懂事，努力地帮助着妈妈。送他们离开时，老板娘大声对他们说："谢谢，祝你们过个好年！"

她并不知道，自己一句简单平常的话，给予了困苦中的他们多大的勇气与鼓励：

"作文写的是，父亲死于交通事故，留下了一大笔债。母亲每天从早到晚拼命工作，我去送早报和晚报……弟弟全都写了出来。接着又写，12月31日的晚上，母子三人吃一碗阳春面，非常好吃……三个人只买了一碗阳春面，可面馆的叔叔阿姨还是很热情地接待了我们，谢谢我们，祝我们过个好年。听到这声音，弟弟的心中不由得喊着，'不能失败！要努力！要好好活着！'因此，弟弟长大成人后，想开一家日本第一的面店，也要对顾客说，'努力吧，祝你幸福，谢谢。'弟弟大声地朗读着作文……"

此后每年除夕，夫妇二人都会专门为他们留出那张桌子，等待着他们的到来，这一等就是十四年，十四年后的除夕夜，他们真的来了，这一次，他们要了三碗阳春面。

"我们就是14年前的大年夜，母子三人共吃一碗阳春面的顾客。那时，就是这一碗阳春面的鼓励，使我们三人同心合力，度过了艰难的岁月。这以后，我们搬到母亲的亲家滋贺县去了。

"我今年通过了医生的国家考试，现在京都的大学医院里当实习医生。明年四月，我将到札幌的综合医院工作。还没有开面馆的弟弟，现在京都银行里工作。我和弟弟商谈，计划了这生平第一次的奢侈的行动。就这样，今天我们母子三人，特意来拜访，想要麻烦你们烧三碗阳春面。"

边听边点头的老板夫妇，泪珠一串串地掉下来。

一点赤热心肠，为寒冷路上困顿的人们，带来了多少希望与温情。

生命因为遇到你而更加美好，这是世间最动人的事。

人之道

遇事只一味镇定从容，纵纷若乱丝，终当就绪；待人无半毫矫伪欺隐，虽狡如山鬼，亦自献诚。

遇见事情只要保持镇定不变，即使局面纷乱如丝，也总会理出头绪；待人没有半点虚伪欺骗，即使狡猾如山鬼，也会献出自己的诚意。

佛家修行讲求三个字：戒、定、慧。首先要持戒，由戒能生定，由定而生慧，虽然他们的定与慧的含义较为特别，但这个思路却很正确。

春秋时齐燕之战中，在燕国名将乐毅平推齐国时，大家都出城逃跑，齐国人田单也不例外。但他并不像其他人一样只顾慌张赶路，而是命令族人们都把车轴的末端斩断，用铁笼包好。结果，大家争着出城时，互相抢道，车子都碰坏了，走不了，被燕军俘虏。只有田单族人因为车子做了加固保护措施，得以顺利出逃。

战乱逃跑之时是人最为慌张的时候，可这个时候田单还能保持冷静，从纷乱的事项中，想到车轴才是起关键作用的所在，真可谓"一味镇定从容，终当就绪"。

下面这个故事来自《三国演义》，主角是我们都敬爱的武侯先生。但容我先荡开一笔，作者形容狡诈以山鬼为例，山鬼表示这个锅我不背。要知道，大诗人屈原笔下的山鬼可是这样的：

若有人兮山之阿，被薜荔兮带女萝。既含睇兮又宜笑，子慕予兮善窈窕。

乘赤豹兮从文狸，辛夷车兮结桂旗。被石兰兮带杜衡，折芳馨兮遗所思。

美丽而又痴情，何来狡诈？或者，明代传说中的山鬼并不一样？

诸葛丞相再次出师北伐，长史杨仪建议道："前数次兴兵，军力罢疲，粮又不济；今不如分兵两班，以三个月为期：且如二十万之兵，只领十万出祁山，住了三个月，却教这十万兵替回，循环相转。若此则兵力不乏，然后徐徐而进，中原可图矣。"这个办法很好，诸葛亮立即采纳，一项北伐士兵轮换制度就此建立，以百日为期限，循环相转，违限者军法处置。

魏军面对蜀军北伐，仍采用一贯战术，坚守不出，反正你耗不起，准备待诸葛亮耗尽粮草后不战而胜。这一天，轮换时间已到，杨仪告诉诸葛亮："汉中兵已出川口，前路公文已到，只待会兵交接。现存八万军，内四万该与换班。"诸葛亮立刻同意，"众军闻知，各个收拾起程"。

然而意外陡生。

正当轮休军士已准备回家时，蜀军接到情报，孙礼引雍、凉人马十余万来助战，去袭剑阁，司马懿自引兵攻卤城。杨仪马上建议："魏兵来得甚急，丞相可将换班军且留下退敌，待新兵到，然后换之"。这个建议合情合理，但诸葛亮拒绝了，理由便在诚信二字，做主将的人不可以欺骗士兵："吾用兵命将，以信为本；既有令在先，岂可失信？"传令轮休士兵仍旧按时回家，"且蜀兵应去者，皆准备归计，其父母妻子倚扉而望；吾今便有大难，决不留他。"

待士兵以诚者，大概无过于武侯了。这样的真诚，当然也会换来士兵的无私回报。

众军闻之，皆大呼曰："丞相如此施恩于众，我等愿暂且不回，各舍一命，大杀魏兵，以报丞相！"

众志成城，必然战无不胜，这一仗，魏军大败。

诚者，天之道；思诚者，人之道。

——《孟子》

不要挡住我的阳光

肝肠煦若春风，虽囊乏一文，还怜茕独；气骨清如秋水，纵家徒四壁，终傲王公。

肝胆心肠如春风般温暖，虽然没有一文钱，却还怜悯着孤独无依之人；气质风骨如同秋水般清澈，即使家中一无所有，照样傲视王公贵族。

明代人徐增写过一卷名为《而庵诗话》的诗歌评论，其中有一段妙论："诗总不离乎才也。有天才，有地才，有人才……"下面的内容容我卖个关子，大家不妨猜一下，哪些人能对号入座呢？

天才不能猜，非李白莫属，"入我相思门，知我相思苦""君不见黄河之水天上来，流向那万紫千红一片海"，哦不，是"奔流到海不复回""弃我去者，昨日之日不可留。乱我心者，今日之日多烦忧"。这些文字的运用方式，哪里是普通人能想得到、学得了的？偏偏他又能写得举重若轻，信手拈来，天才之名，当之无愧。

但地才和人才就不大好猜了，我们来公布答案吧。

"……吾于天才得李太白，于地才得杜子美，于人才得王摩诘。太白以气韵胜，子美以格律胜，摩诘以理趣胜。"

我十分赞同杜甫为地才的说法，但对徐增称他为地才的理由却不以为然。以格律胜，容易让人误会为杜甫写诗其实没什么才气，只是靠着后天的苦心磨炼，走"吟安一个字，捻断数根须"的苦吟路线，力求诗句工整才赢得名声的。其实杜甫天资之高，未必就逊色于李白，他曾自述："七岁思即壮，开口咏凤凰。"七岁就可以作诗了，很厉害。

称杜甫为地才，是因为他最关注民生疾苦，最心忧家国，拥有一颗最真挚的同情怜悯之心。他是一位行吟在大地上的诗人。

"自经丧乱少睡眠，长夜沾湿何由彻！安得广厦千万间，大庇天下寒士俱欢颜，风雨不动安如山！呜呼，何时眼前突兀见此屋，吾庐独破受冻死亦足！"

在漂泊乱离的旅途中，在屋漏无眠的长夜里，一无所有的他，愿望却是大庇天下寒士俱欢颜，而不仅仅是自己。在这样的时刻，他心中依然没有忘记与自己一样境遇的人，想要他们都能得到广厦万间的庇护，这是何等的心胸。

予乐拔苦，是为慈悲，在彼时彼刻展现出的悲悯情怀，绝无一丝虚伪。

虽囊乏一文，还怜茕独，其是之谓也！

下面让我们把镜头摇转到千年前的古希腊，在一个阳光温暖的午后，从爱琴海吹拂而来的海风混合着油橄榄花的清香气息，令人无比惬意。

这个下午，征服了欧亚大陆的亚历山大大帝遇见了一无所有的哲学家第欧根尼。也许是出于王者的怜悯，也许是出于真正的同情，又或是仅仅想展示一下王者的权能，亚历山大对他说：你可以向我提一个要求，无论是什么，我都将满足你。

第欧根尼此刻正准备在木桶中睡午觉（他在奉行犬儒主义的简单生活原则，以木桶为家），听到亚历山大这样说，便回答道：如果可以，请走开些，不要挡住了我的阳光。

就是这么的霸气。

据说，注意是据说，事后亚历山大感叹道，如果我不是亚历山大，我就去做第欧根尼。

纵然家徒四壁，布衣仍傲王侯，其是之谓也！

君子周急不济富

费千金而结纳贤豪，孰若倾半瓢之粟，以济饥饿之人；构千楹而招来宾客，孰若葺数椽之茅，以庇孤寒之士。

花费千金结交贤士豪杰，怎么比得上倾倒半瓢粟米，去救济那些正在饥饿中的人；建造千间大厦来招待宾客，怎么比得上修建几间茅屋，去庇护那些贫寒无依的人。

土豪，我们做朋友吧。

这虽然是网上的一句笑谈，却也折射出一个价值取向：我们在人际交往中，都倾向去结交那些有财富的人，而财富往往也代表着地位，换句话说，我们喜欢上层人物。

这本是人之常情，其实不必非议。被人赞为"二十年来身是客，未曾一日低颜色"的李白同学向来是傲视王侯蔑视权贵的典型代表，但其实他也试图结交过有名望的人物，并希望获得他的推荐，使自己能够出一头地：

白闻天下谈士相聚而言曰："生不用封万户侯，但愿一识韩荆州。"何令人之景慕，一至于此耶！岂不以有周公之风，躬吐握之事，使海内豪俊，奔走而归之，一登龙门，则声价十倍！所以龙蟠凤逸之士，皆欲收名定价于君侯。愿君侯不以富贵而骄之、寒贱而忽之，则三千之中有毛遂，使白得颖脱而出，即其人焉。

……

君侯制作侔神明，德行动天地，笔参造化，学究天人。幸愿开张心颜，不以长揖见拒。必若接之以高宴，纵之以清谈，请日试万言，倚马可待。今天下以君侯为文章之司命，人物之权衡，一经品题，便作佳士。而君侯何惜阶前盈尺之地，不使白扬眉吐气，激昂青云耶？

——《与韩荆州书》

不过李白就是李白，一封求人推荐的书信也写得轩昂磊落，气势纵横，反倒像人家要求他一般。像这种投书干谒的行为在古代很常见，没有什么不妥之处，亦无损他的形象。他只是挥洒一点才华而已。可是，如果为此而要"费千金"去结交的话，便不妥了。

即使花费巨大的代价，也要结交到上层人物，这背后的动机，肯定不止结交一下这么简单。真正所求的，其实是回报，借助贤豪们的各种资源，来为自己换回巨大的利益，这种结交之道便不可取。

再者，贤豪们要么不缺钱，要么不在乎钱，你的千金对他而言，不过是锦上添花而已。而锦上添花，何如雪中送炭？

子华使于齐，冉子为其母请粟。子曰："与之釜。"请益。曰："与之庾。"冉子与之粟五秉。子曰："赤之适齐也，乘肥马，衣轻裘。吾闻之也：君子周急不济富。"

在孔子的举荐之下，公西赤要奉旨出使齐国了，考虑到自己走后家中老母无人奉养，公西赤便委托自己的师兄兼孔子的管家冉有向老师讨要一些粮食。孔子听了冉有的请求就说："那就给她满满一釜的小米吧。"冉有很为学弟着想，想再多要一些。

"那就再添上一庾。"

冉有并不满意，私下里给了五秉小米。

孔子知道后，并没有批评他擅自主张，而是说："公西赤这次出使齐国，乘坐的是健马拉着的好车，穿着的是轻暖舒适的皮裘。他到任后，一定有能力使他的母亲过上很好的生活，等公西赤领了俸禄寄回家中，他母亲吃剩下的那几十石小米在他眼中就变得一无是处了。而如果我们用这几十石小米来救济穷苦，那将会有多少人从中受益呢？君子帮助危急中的人，却不为富者锦上添花。"

冉有心中，有的只是同门，孔子心中，装的却是天下人。

应酬处世，周急不济富，今天的你我，亦当如此。

四不若

市恩不如报德之为厚，雪忿不若忍耻为高，要誉不如逃名之为适，矫情不若直节之为真。

施舍恩惠，不如报答他人的恩德更为厚道；洗雪愤怒，不如忍受耻辱来的高洁；邀取名誉，不如回避名誉来得闲适；掩饰真情，不如正道直行更为真实。

狡兔三窟是一个成语，这个成语的缔造者名叫冯谖，他是孟尝君的门客。

孟尝君我们都知道，著名的战国四公子之一，以善养士闻名。冯谖来到他门下没多久，就开始弹剑作歌，歌词倒也通俗易懂：长剑啊，我们回去吧，吃饭都没有鱼。孟尝君很爽快，给他鱼。但这并不能打消他唱歌的热情，这回是：长剑啊，我们回去吧，出门都没有车。孟尝君好脾气，给他车。但人类已经阻止不了冯谖的歌声了：长剑啊，我们回去吧，我的母亲都没有人照顾。孟尝君真敞亮，把他母亲接来，好生照顾。这回冯谖终于不唱了。

这是孟尝君对冯谖的知遇、恩德，虽然他这个时候，并不清楚冯谖的才能。

后来孟尝君有个事情，谁能去我的封地跑一趟，把债收了呢？冯谖说自己愿意，毕竟折腾了人家孟尝君这么多次，也该回报一下。但走之前他问了个问题：你希望我为你买点什么回来好呢？孟尝君回答，你看我家缺什么就买什么。然后冯谖到了封地，把各种地契债券统统收上来一把火烧了，并告诉大家，孟尝君免了你们的债。回去后他告诉孟尝君，我为君市义，我为你买了一件名为仁义的东西。

这是冯谖在市恩，买下人心，手段很高明。

可人们之所以记住他，并对他评价很高，并不是因为他能巧妙地市恩，而是因为他能报德。他收买人心并非为自己，而为孟尝君，后来孟尝君失势回到封地避难，百姓无不热烈相迎。他才明白，说您为我买的义，今天我才看到。

之后冯谖又连做几件事，结果便是：孟尝君为相数十年，无纤介之祸者，冯谖之计也。

当孟尝君感激他为自己所做的一切时，他却说有这样的结果都是您一向广施恩德所致，与我并无什么关系。能厚报恩德，又不居功自傲，这才是冯谖为人所敬的地方。

说道忍辱，我们还要以韩信为例（淮阴侯真是万能素材啊），年轻时能忍胯下之辱，及至后来功成名就，被封楚王后回到故地，召来那个曾当众羞辱他的年轻人。是准备杀了他一雪前耻吗？当然不是，那样就不是韩信了。

召辱己之少年令出胯下者以为楚中尉。告诸将相曰："此壮士也。方辱我时，我宁不能杀之邪？杀之无名，故忍而就于此。"

未成名时能忍耻，已成名后能释怨，韩信真大丈夫也。

邀誉不如逃名，当推韩伯休。

他常游走于名山大川之间采集草药，然后拿到长安市上去售卖，因为草药纯正，所以他从不准人还价，你买便买，不买就离开，何必多言？这样卖药，想不出名都难，诗云："韩康卖良药，董偃鬻明珠。"

但有一次，一个女子来买药，韩伯休一如既往地不准讨价还价，女子便生气了，说道："公是韩伯休耶，乃不二价乎？"你以为你是韩伯休啊？还不让还价！她想不到的是，这个人就是韩伯休。韩伯休听到后长叹一声："我本欲避名，今小女子皆知有我，何用药为？"从此不再卖药，逃入霸陵山中，这才是真正的逃名。

后来皇帝强行召他出来做官，结果半路上，他找个机会又逃走了，最后安享晚年，以寿终。

矫有许多个意思，其中一个意思为假托、诈称。

矫命即假传命令，矫诏就是假传皇帝的命令，而矫情没那么严重，只是说假装某种感情，有点造作，不真诚的意思。

微生高是春秋时鲁国人，当时人认为他性格很率直。但孔子却评价说："孰谓微生高直？或乞醯焉，乞诸其邻而与之。"

孔子认为他并不直率，依据一件事：曾有人向微生高借醋，微生高家中没有，于是他先向邻居借来醋，再转借给向他求醋的人。

若在我们看来，这个人可真够朋友，一定要把忙帮到。但孔子不这样看，自己没有，大可以直言相告，不直说，便为矫。到别人家中把醋借到，再转借给他人，中间转了这么一个弯儿，怎么能说是直呢？如果大家都这样转来转去，人际关系只会变得越来越复杂，一复杂，产生的矛盾便多。可见做人，还是简单一点好。

本则中，作者用两个"不如"，两个"不若"，为世人的几种行为做了一个高下的评定。

淝 水 之 战

救既败之事者，如驭临崖之马，休轻策一鞭；图垂成之功者，如挽上滩之舟，莫少停一棹。

挽救近乎失败的事情，犹如驾驭面临悬崖的马，不要慌乱，不要轻易扬鞭策马，以免摔落悬崖；希图唾手可得的成功，犹如牵挽上了滩头的船，不要松劲，不要稍停一棹，以免前功尽弃。

本则的道理有点难理解，却更见作者洞察之高明。

马已经走到了悬崖边上，这时如果再驱赶它的话，即使是很轻的一鞭，它也会跌入山崖。临崖之马，轻策即失，不能驱赶，而应放松，慢慢地勒马回头。这个比喻是说，当事情败局几乎已定时，想要挽救危亡的心态必然十分紧迫，可越是这样，心中越不可着急，越要先放松一点来应对。不然很容易因太过紧张而失策。

上滩之舟，逆水而行，一篙劲松，便退千寻。事情已然胜券在握，人会很自然地放松下心情来准备品味即将到来的成功滋味。可越在此刻，越需要全力以赴，以免功败垂成。

我们来讲一讲历史上赫赫有名的淝水之战的故事，此战很好地注释了本则的两点。

其一，淝水之战至关重要，关乎国运存亡，历史走向。参战双方一方是僻处江南的东晋王朝，一方是刚刚统一了北方的前秦苻坚。如果这一战败了，历史上将不再有东晋这个名字。

其二，东晋当时几乎败局已定，因为双方兵力对比很悬殊。苻坚号称雄师百万，按战争中一贯的夸大习惯，即使打个对折，也有五十万之众，而东晋全部兵力加起来也不到十万，用悬殊形容一点也不夸张。战争从来就是以强胜弱，这样的兵力对比，这仗怎么打？连苻坚自己都说："以吾之众旅，投鞭于江，足断其流。"情势万分危急。

其三，这一战其实打得荡气回肠，但大部分内容与本则无关，所以我们略去不谈。

坚后率众，号百万，次于淮肥，京师震恐。

面对百万兵锋，东晋将领谢玄马上去找己方主帅谢安问怎么办。谢安在此时，却展现出了极为放松的一面：他先出去散了散步，然后回来和谢玄下围棋赌别墅玩。谢玄平时的棋艺是高于谢安的，但此时心中风狂雨骤，哪有心思下棋，很快就输了。赢了棋的谢安继续出去游玩，"安遂游涉，至夜乃还"，然后才开始布局应对："指授将帅，各当其任。"

他的镇静与从容给予了身边人莫大的信心。但我想，谢安此时的放松，恰恰是慎重的表现。这一战太重要了，输不起，不能输，每一个决定都必须正确。所以要先冷静下来，唯有镇定下来才能做出正确的决策，为此必须先放松一下，切莫做了那临崖之马。

而反观苻坚，在胜利在望的这一刻，本该莫少停一棹的这一刻，却恰恰松懈了思虑，专业形容叫"怠胜而忘败（荀况论兵）"。

他没有听从诸将阻敌泜水畔的建议，而是答应了谢玄的提议："诸君稍却，令将士得周旋，仆与诸君缓辔而观之，不亦乐乎！"你们前秦军先后撤，留出战场，等我晋军渡河后，一决雌雄。从战术上看，这倒并无不可，兵法上说"渡河未济，击其中流"，趁着对方渡河到一半的时候进行攻击，对方进退两难，必然大败。苻坚也是这样想的："但却军，令得过，而我以铁骑数十万向水，逼而杀之。"他看晋军犯了兵家大忌，简直如同求败一样。可他没有仔细审视细节：若命令传达不详，自己麾下士兵误以为前方战败而退怎么办？他的军队有数十万之众，并不同于几万人的小规模部队，可以进退自如，一旦后退，退势止不住怎么办？这些他本来可以想到的，毕竟苻坚也久经沙场，统一北方历经大小无数战，但在这巨大胜利唾手可得的一刻，他无法再如平时一般仔细思虑。

失败的伏笔已经埋下，后果在下一刻便出现。

当撤退命令发出后，"众因乱不能止"，晋军趁势攻击，谢玄等人率精锐八千渡河，发起冲锋！一战功成。

"坚众奔溃，自相蹈藉投水死者不可胜计，肥水为之不流。余众弃甲宵遁，闻风声鹤唳，皆以为王师已至，草行露宿，重以饥冻，死者十七八。"

——《谢玄传》

前方战场惊天动地，那么后方的谢安呢？

还在下棋！

是的，你没看错，他还在与客人下棋。我总觉得，后世无数影视剧中，只要想表现主角腹有良谋淡定从容一切尽在掌握中之绝世风采时，必用与人对弈围棋这一手法的哏，大约就出自这里。

捷报送到，他看过，神色也并无变化，依旧继续下棋，直到客人忍不住了问战况如何，他才慢慢答道："小儿辈遂已破贼。"

他是真的不紧张、不兴奋吗？非也！

既罢，还内，过户限，心喜甚，不觉屐齿之折，其矫情镇物如此。以总统功，进拜太保。

进门的时候，高兴得连鞋齿撞断了都不知道。

谢安淡定，是因为救既败之事，不可因过于紧张而出一丝一毫的差错。苻坚大意，是因为胜利的诱惑太大，没能做到克服这种诱惑，谨慎行事，如果他稳扎稳打，大军集结后充分发挥兵力优势，可能历史真就改写了。

危急之时，不可急躁；垂成之时，不可放松，便是这一则告诉我们的道理。

烟 绯

（浮世人情，如烟如幻，对应评议）

收放之间

物莫大于天地日月，而子美云："日月笼中鸟，乾坤水上萍。"事莫大于揖逊征诛，而康节云："唐虞揖逊三杯酒，汤武征诛一局棋。"人能以此胸襟眼界吞吐六合，上下千古，事来如沤生大海，事去如影灭长空，自经纶万变而不动一尘矣。

物体没有大过天空大地太阳月亮的，然而杜甫却说："日月是笼中的鸟雀，天地是水上的浮萍。"事情没有大过迎揖逊让征伐诛灭的，然而邵雍却说："唐虞谦让不过三杯酒，汤武交争只是一局棋。"人们能够用这样的胸怀眼光容纳天地四方，古往今来，事情到来犹如沤泡产生在浩瀚的海洋，事情过去如同幻影湮灭在辽阔的天空，自然是经纬纲纶万般变化也不能移动一粒微尘了。

请问你有哪些烦恼？

去理发店总剪不出自己想要的发型；最爱看的偶像剧今晚却停播了；考试结束后对答案时发现自己又篡改了历史并且创造了独门文字；暗恋着隔壁班的清秀女生却不敢去表白；今天上午都是自己不喜欢的课；好朋友竟然和另一个人去吃饭，她是不是背叛了我；寝友们不团结；我又胖了；想要买的东西被别人买走了……

这很正常，我并没有任何想嘲笑的意思，因为我们大人也有许多烦恼。

不想打车时出租车此来彼往，想打车时却连一辆车影子都没有；上班迟到被领导亲切问候；为什么那个人水平比我差许多却能升职；投出去的稿子怎么还没有回音；今天老婆大人又和妈妈吵架了；别人家的老公怎么都那么能干……

其实这也并不奇怪，据说还有人因为早餐的鸡蛋没有煮成八分熟而郁闷了一整天，有人因为熨烫过后的衬衫有一丝褶皱而闷闷不乐。

这一切简直就和一部小说的名字一样——《烦恼人生》，这就是你我的烦恼人生，每天重复着。

这些事情，真的那么重要吗？我们能不能看到一些其他东西？生活，就只有这一个角度吗？

当然不是。

世间最大的事物，便是天地日月，可是以天地为背景来看，太阳和月亮也不过是笼中的小鸟。这个比喻真好，因为在神话中，太阳是一只三足金乌，而月亮通常用玉兔来指代，它们都可以被关在笼子里。但天地也并不就很宏大寥廓啊，我们的古人早已经有了宇宙的观念，不同于古希腊人把宇宙理解为与"混沌"相对的"秩序"，我们的祖先认为"四方上下曰宇，往古来今曰宙"，宇宙是空间和时间的统一体。在宇宙的舞台上、背景下，"天地大也，其在虚空中不过一粟而已耳"（《伯牙琴》），所以杜甫说乾坤也就像水上飘着的浮萍一样。在更阔大的宇宙中，天地日月也不过如此，更何况你我这样的人，更何况你我所谓的那些矛盾烦恼？

你看，烦恼一直在你眼前的话，你会觉得它很大，是你生活的全部，其实这只是一叶障目，不见泰山而已。只要把这片叶子拿掉，就会豁然开朗。

其实只要你把眼光放开、放远一些，在更深远的时空背景下，就会看到烦恼的渺小。

由小及大，从微观到宏观，这叫放开眼光，看到事物"大"的一面，由此而生对比，不过能放还不够，还要能收。

揖逊，我们分开来解释，"揖"指的是迎揖，迎接客人时作揖为礼。颜之推在《颜氏家训·风操》中评论说："南人宾至不迎，相见捧手而不揖……北人迎送并至门，相见则揖，皆古之道也，吾善其迎揖。"他觉得作揖比捧手更好些。"逊"则是谦让的意思。"揖逊"原指礼貌谦让，引申后，可以用来描述帝王的禅让。征诛就是征讨杀伐，指国家征战。

合起来，揖逊征诛泛指非常重大的事情。具体到事实上，禅让自然以尧舜禹为典范，征伐自然以武王伐纣为典范。这都是历史上了不得的大事，关于禅让，司马迁写道：

尧将逊位，让于虞舜，舜、禹之间，岳牧咸荐，乃试之于位，典职数十年，功用既兴，然后授政。示天下重器，王者大统，传天下若斯之难也。

——《史记·伯夷列传》

虞舜以及后来的夏禹，四岳九牧都一致推荐，才试任官职管理政事几十年，待到他们的功绩已经建立，然后才把帝位传给他们。这表明，天下是最珍贵的宝器，帝王是最大的道统，传交帝位是这样的难啊！

武王伐纣，更是层层铺垫，全面准备，积两代人之功，直到牧野决战，才一战功成。

可这些了不起的大事，如果你能够学习武侯的眼光，观其大略的话，那么也没什么复杂的：

诸葛亮在荆州，与石广元、徐元直、孟公威俱游学，三人务于精熟，而亮独观其大略。

——《魏略》

尧、舜都是内圣外王的明君，识人善用，心系天下而没有私心，所以能在进退之间，揖让而禅位。大家都坦率自然，几杯酒一喝，礼仪形式一过，禅让也就结束了，彼此绝无怨恨不舍之心，禅让的本质无非是退位让贤，坦率真诚。

至于武王伐纣，则先有姜太公谋划，励精图治，使"三分天下有其二"，然后迁都于丰都，准备进取殷商。姬昌逝世后，其子姬发继位，即为周武王，继续以姜尚为师，周公为傅，召公、毕公等人为辅弼，遵循既定战略方针，继续推进落实，最后才成功。可究其本质，这些都不过是谋略手段而已，和两个人下棋博弈中的谋算，也没有什么区别啊。

所以邵康节评价说："唐虞揖逊三杯酒，汤武征诛一局棋。"

邵雍可是个奇人，对《易经》的研究十分到家，他有一个故事流传甚广。某一日，邵康节与朋友观赏梅花，突然看见二只麻雀在一根树枝上争斗，继而两鸟相继坠地。邵康节便据此起卦，用《易经》进行占测。推测出一个结果：明天晚上，当有一位姑娘来此折花，但有人去追赶她，姑娘惊慌坠地，跌伤股骨。结果你们肯定已经猜到了，第二天晚上发生的事，与他所预测的丝毫不差：住在附近的一位姑娘到花园采摘梅花，看守园子的人以为她是小偷，便追赶她，结果姑娘摔倒在地，伤了大腿。

没人知道他是怎么做到的。

能略去事件的纷杂，直接看到本质，举重若轻，观其大略，便能看到事物"轻、小"的一面，眼光从大到小，是为收。

能放能收，能观宇宙之大，也能察蜉蝣之微，有了这样的眼光，还会破除不了烦恼吗？

你说争权夺利太辛苦可又放不下，那么读一读：

天下风云出我辈，一入江湖岁月催。皇图霸业谈笑中，不胜今宵一场醉。

你得到天下后的喜悦与今晚和挚友一起把酒言欢、醉卧的喜悦比起来，有什么不同吗？为什么还要舍近求远呢？

你说人际关系难以处理，厌倦没完没了的应酬，那么读一读：

千山鸟飞绝，万径人踪灭。孤舟蓑笠翁，独钓寒江雪。

千山万径，忽而镜头一收，特写一点，一人独钓寒江雪，天地万物皆备于我心矣，何必一定要纷纷扰扰？

让我们从今天起，看远一点，看深一点，摆脱烦恼。

素位做人

> **宁有求全之毁，不可有过情之誉；宁有无妄之灾，不可有非分之福。**
>
> 宁可听取别人求全责备的非议，也不要听别人超过实情的赞誉；宁可遭受平白无故的灾祸，也不要贪图超过自己本分的福气。

这一段话，我们首先要注意关联词："宁有……不可……"，"宁有"这个词中已经包含了一种略带痛苦的抉择之意，这对关联词后面引导的内容其实都不太好，只不过要"两害相权取其轻"罢了。

求全之毁并不好，过情之誉也不好，能避免最好都避免，可必须要选一个时，还是选前者。这说明过情之誉的危害远大于前者。

喜欢言过其实的赞誉，能有什么危害呢？

"知人者智，自知者明。"言过其实的赞誉会扰乱人的自知之明，而一个失去了自知之明的人，会做出利令智昏的事情来。如果是个普通人还没什么，如果身居高位要职，那危害就不可估量了。

燕王姬哙，本身也许是个好人，愿望或许也良好，但他太过喜欢过情之誉了，或者不客气地说，喜欢沽名钓誉，为此，演出了一场代价巨大的闹剧。

苏代使于齐而还，燕王哙问曰："齐王其霸乎？"对曰："不能。"燕王曰："何故？"对曰："不信其臣。"于是燕王大任子之。

苏代就是大名鼎鼎的纵横家苏秦之弟，完美地学习到了哥哥的游说功夫，在他旁敲侧击的暗示下，燕王哙为能得到知人善用的美名，便重用子之，却没有考虑到自己是否真有识人、用人的能力。

鹿毛寿谓燕王曰："人之谓尧贤者，以其能让天下也。今王以国让相子之，是王与尧同名也。"燕王因属国于子之，子之大重。

鹿毛寿这名字很怪，史书中也没什么过多的记载，他的游说没什么技术含量，直接建议让位，好处就是可以得到如尧舜一样的美名，这样的逻辑估计就是你我也觉得荒唐，但燕王哙居然就同意了！你对得起让那些为了争王位、保王位而机关算尽刀兵相见血流成河九死一生的前辈们吗？燕国先祖们的棺材板多半都盖不住了。仅仅是一个与尧齐名的赞誉就可以让姬哙动心，而很明显，他怎么可能比得了尧，这明显是一个过情之誉，但他想接受，要接受。

或曰："禹荐益而以启人为吏，及老而以启为不足任天下，传之益。启与交党攻益，夺之，天下谓禹名传天下于益而实令启自取之。今王言属国于子之而吏无非太子人者，是名属子之而实太子用事也。"王因收印绶，自三百石吏已上而效之子之。子之南面行王事，而哙老，不听政，顾为臣，国事皆决于子之。

俗话说，人善被人欺，"或"在这里的意思是有的人，上两次忽悠王的至少还有名有姓，这次随便个路人甲都出来了，这帮人也是看准了姬哙沽名钓誉的弱点，要一击必杀，非把事做到底不可。一番似是而非的道理：当年大禹虽然禅让天下给益，但后来他的儿子启夺走了王位，他们都说大禹是明面上传位给益，可实际上却是暗示启自己夺取。如今大王您虽然把国家交付给子之，但实际上却还是令太子掌管着国家，这不就是表里不一吗？姬哙一定要做到如古代圣王一般，于是收回太子的权力，真正把大权交给子之，最后子之南面行王事。

所以说"声闻过情，君子耻之"。

按照这个句式，同样的，无妄之灾与非分之福也都不是什么好事，可如果必须选一个的话，大约应该选非分之福吧，毕竟福好过灾啊，为什么作者却反其道而行之？请注意，这里的宁有只是一种语言、态度，用来表明非分之福不可取，并非是让大家去选无妄之灾。

俗话说，命里有时终须有，命里无时莫强求。非分之福，大多守不住。

我们接着上边的故事说，燕王哙让国给燕相子之，真正的太子当然不服，齐国表示我支持你，你去把属于自己的东西拿回来吧，我们也可以浑水摸鱼。

最后这句当然是心里话，要放在心里的。于是燕国内乱，因之而死的人有数万之众。后来齐宣王干脆乘机出兵，只用了五十天就大获全胜。齐宣王对孟子说："两个大国之间攻战，从来没有这么快就取胜的，这是老天要给我燕国，我不能不接受啊。"而孟子却说要看燕国人民对齐军的态度，如果他们欢迎您，那您就可以接受，不然就不行。宣王怎么会错过这"非分之福"呢，齐王不听，占领燕国。

之后果然，燕国人民不满，诸侯各国也蠢蠢欲动，孟子又建议说："大王赶快发布命令，把被抓的老人孩子送回去，停止搬运燕国的宝物，同燕国人商量，选立一个他们认可的新国君，然后撤兵就还来得及。"宣王仍然不听。后来果然燕国反抗，诸侯出兵，齐国大败。齐宣王说："我很惭愧没听孟子的话啊。"

不取非分之福的另一个原因，尤为深切，我们以经解经，用作者自己的话来解释：非分之福，无故之获，非造物之钓耳，即人世之机阱。此处着眼不高，鲜不堕彼术中矣。

这一句说得真是太透彻了，读者不可不知，世人不可不知。

世间的骗术千奇百巧，无论什么人，也很难一下子就识破。但这些骗术，却都有一个共同的简单起点：利用人们贪图或相信小便宜非分之福的心理，先施与小利，再一步步将人引入精妙的骗局中，无论多么复杂的骗术，起点也大多如此。

说到这里，想起一则悲伤的新闻：

2016 年 8 月 19 日晚，陈某某等犯罪嫌疑人以发放贫困学生助学金为名，诈骗山东省临沂市罗庄区学生徐玉玉 9900 元钱。徐玉玉发现自己被骗后，与父亲一起去派出所报警，回家途中身体出现不适入医院抢救，8 月 21 日抢救无效死亡。公安机关出具的死亡原因分析报告认为，徐玉玉应系被诈骗后出现忧伤、焦虑、情绪压抑等不良精神和心理因素的情况下发生心源性休克，行心肺复苏后继发多器官功能衰竭而死亡。

发放贫困学生助学金，这是一个很难拒绝的诱饵，因为如果你不去仔细审察，你根本不知道这是一个"非分之福"，我是贫困生，学校发给我贫困助学金，岂非天经地义？但如果仔细想一想，我自己并没有主动申请过，况且符合贫困生标准的学生那么多，怎么这样的好事就突然落到我的头上了呢？继续查证下去，与学校直接联系，便可知道，这很可能是一种"非分之福"，很可能是一个"人世之机阱"。

非造物之钓耳，即人世之机阱。这句话，是可以救人的。

所以最好的规避方法，正是本书这句：宁有无妄之灾，不可有非分之福。我不贪图你的那一点小利，你又如何引我入彀呢？

不可有过情之誉，不可有非分之福，都是否定句，如果从肯定的角度看，其肯定的是一个词：素位，也就是谨守本分的意思。本分做人，本分做事，老天一定不会冷落这样的你，至少时至今日，许多好女孩的择偶标准还是那么简单：我想找一个本分的人。

寒山与拾得的问答

毁人者不美，而受人毁者，遭一番讪谤，便加一番修省，可释冤而增美；欺人者非福，而受人欺者，遇一番横逆，便长一番器宇，可以转祸而为福。

诋毁他人的人是不美的，而承受他人诋毁的人，每遭受一番讥讪毁谤，就增加一番修身反省，因此而去除邪僻增加美德；欺侮他人的人并不能享福，而承受他人欺侮的人，每遭遇一番横祸厄运，就增长一番器宇胸怀，因此而化灾祸为幸福。

有人诋毁你怎么办？

怎么办？怼回去啊！不然你当本姑娘/小爷我是好惹的啊？

但在你"舌灿莲花"之前，容我先引一段话给你看：

"有人尖刻地嘲讽你，你马上尖酸地回敬他；有人毫无理由地看不起你，你马上轻蔑地鄙视他；有人在你面前大肆炫耀，你马上加倍证明你更厉害；有人对你蛮不讲理，你马上对他胡搅蛮缠；有人对你冷漠，你马上对他冷淡疏远。看，你讨厌的那些人，轻易就把你变成了你自己最讨厌的那种样子。这才是'坏人'对你最大的伤害。"

——《喃喃》

是不是也有些道理？毁人者不美啊。

那我要怎么办？其实这个问题，很久很久以前，就有人讨论过：

寒山问曰："世间有人谤我、欺我、辱我、笑我、轻我、贱我、恶我、骗我，该如何处之乎？"

拾得答曰："只需忍他、让他、由他、避他、耐他、敬他、不要理他、再待几年，你且看他。"

——《古尊宿语录》

这位老师，您确定这位拾得和尚没有受虐倾向？

是的，我确定，不仅确定，我还知道，佛门中有一种修行法门名为忍辱度，通过修忍辱行得到解脱，到达彼岸，乃六度之一。之所以忍辱之后没有心中抑郁，在于下一句：遭一番讪谤，便加一番修省。如果仅仅只是忍受，那有什么意义？

修省，修身反省，受到诋毁之后，先反思自己，是不是我哪里做错了？是不是我在不经意间冒犯了对方的禁忌？如果是，那我要引以为鉴。这就叫"三省吾身"，是儒家进行修身的重要方法。

那如果反省之后，错不在我，又该如何？应该"他强由他强，清风拂山冈；他横由他横，明月照大江"。全然不必在意那些诋毁訾訾的话语，让心像流水一样，不要停住，轻快地流走那些杂质污浊之后，依旧澄澈清洁。这就叫"应无所住而生其心"，是释家的重要修行法门。

先儒后释，两大法门加持着你，不断增加修省，最后超凡入圣。

至于"遇一番横逆，便长一番器宇"，我们借用张良先生来说事：

良尝闲从容步游下邳圯上，有一老父，衣褐，至良所，直堕其履圯下，顾谓良曰："孺子，下取履！"良鄂然，欲殴之。为其老，强忍，下取履。父曰："履我！"良业为取履，因长跪履之。父以足受，笑而去。

老人家和张良素不相识，却轻蔑地命令张良，孺子（这个词含有蔑视、看不起的意思），去把鞋给我捡上来！我们羞辱一个人时，会说你连给我提鞋都不配，但换个说法，你是配给我提鞋的，一样很侮辱你。所以这里换你你会理他吗？面对这种横暴无礼，张良的第一反应是欲殴之，想直接动手揍他一顿，可见这时未来的谋圣气度还差点，不过尊老爱幼毕竟是古已有之的传统，所以忍了。而老人家竟然得寸进尺，又提了一个要求：把鞋给我穿上！行，算你狠，反正捡都捡了，前边都忍了，也不差这一点了，于是跪在地上，给老人把鞋穿好，老人笑着离开了。

故事后来的展开是这样的：因为他能受这种横逆，所以老人觉得他可以培养，与他订下五日后之约，又故意以责备张良迟到的方式再考验了他两次，才确信他孺子可教，传授《太公兵法》，并告诉他，"读此则为王者师矣"，张良此后奇谋安天下，得益于此书，这不刚好转祸为福了吗？试想，如果张良没有气量，不能忍受这种莫名其妙的横逆，那《太公兵法》这部奇书，他也无缘得见了。

突然想到，如果受老婆的欺侮怎么办？别急，苏格拉底告诉你答案。

苏格拉底的妻子很凶悍，并且非常能唠叨，据说，是据说，苏格拉底之所以和她结婚，是能够在她烦人的唠叨声中修炼自己的精神。一次，苏格拉底正与学生们争论的时候，他的妻子觉得很烦，气冲冲跑进来把苏格拉底大骂了一顿，之后还嫌不解气，出外提来一桶水泼到苏格拉底身上。学生们都以为苏格拉底非暴走不可，但苏格拉底摸了摸浑身湿透的衣服，笑着说："我不是说过，克桑蒂贝的雷霆会在雨中收场吗？"

你看，这是多么好的修（狗）养（粮）。

田子方之诫

贫贱所难，不难在砥节，而难在用情；富贵所难，不难在推恩，而难在好礼。

对于贫贱之人，砥砺自己保持气节不是难事，难的是表达真情；对于富贵之人，怜悯穷人广施恩惠不是难事，难的是对人以礼相待。

一直很佩服能安贫乐道的颜回。

"一箪食，一瓢饮，在陋巷，人不堪其忧，回也不改其乐。贤哉回也！"

——《论语·雍也》

仅仅是安于清淡简朴的物质生活条件，并非很难做到，只要心远志坚，就能在艰难困苦中砥砺自己。可能够恰当自然地处理好自己的情感就未必了，颜回却能够"不改其乐"，的确贤德啊。

久处贫贱中，心中难免产生几许自卑之情，这份自卑表现到性格中，便是敏感多疑。旁人一句善意的玩笑，无心的言谈，都会被这种敏感多疑放大，引起不必要的误会与隔阂。

这份因贫贱而生的自卑敏感，会从心牢中越狱，逃亡到爱情中去，便成了让我们"开不了口"的元凶首恶，这也是一种难在用情。

一无所有、一无所长的我，爱上了家世良好，惊为天人的她，难道我心中竟会真的丝毫全无芥蒂，不觉开口表白之难吗？那《百喻经》中的这个譬喻，大约说的就是我：

昔有田夫游行城邑。见国王女颜貌端正，世所希有。昼夜想念，情不能已。思与交通，无由可遂。颜色痿黄，即成重病。诸所亲见，便问其人：何故如是。答亲里言：我昨见王女颜貌端正，思与交通。不能得故，是以病耳。我若不得，必死无疑。诸亲语言：我当为汝作好方便，使汝得之，勿得愁也。

后日见之便语之言：我等为汝便为是得，唯王女不欲。田夫闻之，欣然而笑，谓呼必得。

在爱情中，我们不能否认身份、地位的影响，否则就如同故事中的那个田夫一样，认为王女一定会嫁给自己，很可笑。公主会爱上青蛙王子，但不会爱一只真正的青蛙。至少在爱情这个领域内，贫贱者，真的很难表达真情。

剑云用手揉了揉眼睛，又接下去说："……但是有时候这个名字又给我带来更大的痛苦，因为我一念这个名字，我就更热烈地想到她，我恨不得立刻跑到她面前，把我的爱情向她吐露。可是我又没有勇气。我这样一个渺小无能的人怎敢向她吐露我的爱情呢？……我不晓得为什么像我这样在践踏和轻视中长大的人也会有爱的本能。我为什么又偏偏爱上了她？她又是那么高洁，我连一个爱字也不敢向她明说。"

——《家》

而富贵者，因久处富贵，自然而然会形成一种优越感，就算他不想，可环境潜移默化的造就，又岂是那样容易拒绝的？这份优越感表现在外在的言谈举止中，便是居高临下之感。即使是在施恩助人时，也总自带着嗟来之食的 BGM。没人喜欢这种感觉，故曰不难在推恩，而难在好礼。

魏国太子子击出行，在路上遇见了老师田子方，便下车行礼拜见，可田子方却不还礼。子击便生气了，"子击怒"，人家仅仅是不还礼，你何必动怒呢？况且对方还是你的老师？因为子击是太子，一向养尊处优，从来都是别人恭敬讨好他，他何曾真正礼敬过别人？此刻他行礼，也只是出于师生名分，心中并不是真的好礼，所以一见对方不还礼，立刻便发怒。若你觉得我的分析只是臆测，那么下面他质问老师的这句话，便能印证我的分析："富贵者骄人乎？贫贱者骄人乎？"

我是太子，我是富贵者，而你是贫贱者，我们俩，谁有资格骄人？

他能这样问，恰恰说明心中自视为富贵者，不甘心真的礼下于人。

但老师田子方的回答堪称经典：当然是贫贱的人才敢对人傲慢无礼。富贵的人怎么敢呢？国君如果对人骄傲，那么就要失去国家，大夫如果对人骄傲，那么就将失去封地。失去国家，失去封地的人，还有什么资格骄傲呢？而那些贫贱的士人，如果谏言没有被采纳，那就穿上鞋子离去好了，到哪儿去不能成为贫贱之士呢！

老师就是老师，早就看出子击不能够礼贤下士，担心他成为国君之后也如此，便用这个方式向他劝谏。

最后子击向老师道歉。

本则大约是久历世事的洪应明的感慨之语，若说从中学到一点什么，应该是与贫贱者交往时，注意理解体贴他的敏感小心，与富贵者相处中，要宽容他不经意间的秀优越。

颠倒梦想

古人闲适处，今人却忙过了一生；古人实受处，今人反虚度了一世。总是耽空逐妄，看个色身不破，认个法身不真耳。

古人清闲安适的地方，今人却忙忙碌碌，直至一生过完；古人获得真实人生感受的地方，今人却白白虚度，直到一世时光用完。今人总是沉溺于空洞的幻想，追求虚妄的目标，看不破虚幻的肉身，不能认清楚不生不灭的法身。

色身、法身，这都是佛家常用的词汇，真正解释起来，可以写篇论文了。不过好在我们又不参禅出家，无须深究其本义到底为何，只需知道，这对词汇代表了一组相反的概念：幻与真。

色身乃幻，法身方真。但大部分世人往往只看得到色身为真，为此奔忙，却全然忽略了对法身的求证，这叫生活在"颠倒梦想"中。

《心经》中有语：远离颠倒梦想，究竟涅槃。

那么恋恋红尘中，究竟何为幻，何又为真呢？

古人的闲适处、实受处便为真，可惜，今天的我们却刚好在这里不肯停留，匆匆忙忙走过，辜负了这生活中的良辰美景，看来我们果然生活在颠倒梦想中。

所谓的闲适处、实受处，其实一点也不神秘，就是慢下来，去看、去听、去感受，去实实在在地享受生命中的美好。

时光漫漫，慢慢生活。

还记得吗，从前我们吃饭，会对人说"请慢用"，慢慢享受食物的美好，不要去看手机，不要去想着今天的烦恼，就只是品尝眼前的美好。

说吃完饭，我们说请慢走，走那么快做什么呢，又没有紧要的事，一个人走在路上，看华灯初上，看人间烟火，看生活的温暖；一个人走在雨中，听雨水与树叶的交谈，看参差错落的绿荫，看雨中过往的行人……

高中时，就在高考前几天，有那么一节自习课，没有老师值守，我们安静地做作业。一个女孩子忽然从前面走到我面前的空座位上坐下，那个座位紧邻窗边，她侧过身子，双臂交叠，趴在窗台上，微微仰起头，去看窗外的细雪。我们没有说话，我也只知道她的名字而已。我在写作业，她在看雪。笔尖划过作业本上，能听到舒服的沙沙声。雪从天空没有方向地飘落，能看到天空的寂寥与雪花的轻盈。那节课很安静，时间过得很快。下课了，她对我笑笑，也许在表示一下打扰了的歉意？

之后的我们，再也没有任何交集。直到今天我也不清楚，在临考高考的那样紧张时刻，她为什么静静地看了一节课的雪花，可我觉得，那很美，是我高中三年里最好的记忆之一。

慢慢生活，不是懒惰，更不是拖延，而是找寻一种平衡。

我在《青年文摘》中读过这样一件事：拒绝火车提速。

作为意大利佛罗伦萨市的一名普通上班族，乌奥拉每隔几周都会带上妻儿一家人乘坐一辆经过锡恩的慢车，去探望住在300多公里之外的父母，全家人一起度过一个愉快的周末。车子很慢，他们早上10:00上车，要下午3:00便能到达锡恩。可是，出乎意料的是，当意大利铁路部门计划将这列火车提速，由原来的每小时70公里提高到每小时150公里的计划提出时，乌奥拉却坚决反对。他第一时间报名参加了乘客听证会，并陈述了理由：

"每次我乘坐这种古老的慢腾腾的火车回锡恩看父母，旅途中都充满了悠闲和快乐，我和妻子、孩子尽情地放松自己，孩子们可以在车厢里随意地玩耍，跟车上其他孩子一起做游戏。而我和妻子则可以舒服地看书。中间累了，还可以看看窗外的自然风光——葱郁的树木、潺潺的河流，还有那些活蹦乱跳的各类小动物……如果车跑得像风一般的快，我们哪有足够的时间去欣赏车外的美景。平时上班，我们已经够忙够乱了，难道周末我们还得这样？！"

乌奥拉的申述，得到了其他 79 名出席听证会的乘客们的赞同，在 3 个小时之后的表决中，有近三分之二的乘客投了反对提速的票。铁路部门只好遵从投票结果，决定暂时搁浅火车提速的计划，保持火车现有的"慢腾腾"速度。

真是不虚度生活啊。

生活中的喜怒哀乐、令人感动或是悲伤的细节，生命里敏感细腻的肌理，如果只是惊鸿掠影似的一瞥，又怎么能够理解品味？

想和你一起"虚度"时光，恰恰是想和你一起享受、不虚度这时光。

阿尔卑斯山谷中有一条大汽车路，两旁景物极美，路上插着一个标语劝告游人说："慢慢走，欣赏啊！"许多人在这车如流水马如龙的世界过活，恰如在阿尔卑斯山谷中乘汽车兜风，匆匆忙忙地急驰而过，无暇一回首流连风景，于是这丰富华丽的世界便成为一个了无生趣的囚牢。这是一件多么可惋惜的事啊！

朋友，在告别之前，我采用阿尔卑斯山路上的标语，在中国人告别习用语之下加上三个字奉赠："慢慢走，欣赏啊！"

——朱光潜《谈美》

天空不留下痕迹

芝草无根醴无源，志士当勇奋翼；彩云易散琉璃脆，达人当早回头。

灵芝仙草没有根基，甘甜的泉水没有源头，所以志向远大的人应当靠自己的力量勇于奋斗；美丽的彩云容易消散，晶莹的琉璃容易破碎，所以通达事理的人应当及早清醒，不要迷恋沉溺其中。

当你用"条条大路通罗马"这句名谚来鼓励别人时，他却懒洋洋地回了你一句：不如出生在罗马。你怎么办？

本则告诉我们，如何正确面对出身、家世。

"上品无寒门，下品无势族。"

这句话，可以说道尽了门第、家世对人的影响，它出自晋初刘毅的《请罢中正除九品疏》。这本奏疏的名字已经点明了其内容，请求废除九品中正这一制度。

所谓九品中正制，简单说就是先任命一个有识人眼光的中正官，由他负责查访本地州府郡县的士人，给出相应的评价，定出品级（共有九品），以供吏部选官。

中正官评议人物的标准有三：家世、道德、才能。原则上家世只作参考，重点在道德与才能，初心是不错的。可后来，中正官多为世家豪族所担任，评定士人品级只论门第，于是就出现了刘毅口中的现象：任你才高八斗，但出身寒微，就只能定在下品；只要你出身世家，品行一般也能位列上品。

这项制度流行于魏晋时期，可以说，在那个时期，你的仕途如何，多半由你的出身决定。

那么出身一般却很有资质的人，还要不要向上要好，努力奋斗了呢？

很久以前，有一个学生，他也有着与你一样的顾虑。人们都说，他是一个可使南面的人才，古人以坐北朝南为尊位，南面就是面向南方的意思，也就是说他有为官甚至为王者的才能。但他的父亲却是一个地位卑贱的人。

他的忧伤被老师发现了，这个老师很温和睿智，学生们都很敬爱他。他对这个学生说："耕牛生下一只小牛，这只小牛长着红色的毛，整齐端正的角，就算人们不想用它做祭品，山川之神难道会舍弃它吗？"

耕牛是一种杂色牛，除了耕种之外，并无什么其他用途。那时候，当人们举行祭祖、祭天地等隆重的典礼时，一定要选用毛色光亮纯净的牛来做祭品。现在，这条耕牛生出了一条毛色纯赤，头角整齐的俊美小牛，祭祀用不用它呢？老师告诉他，就算人们不想用，神也不答应。我想，这个学生听到老师这样说，心中一定很温暖。

对了，这位老师的名字叫孔子。

所以正确的态度是：当然要。

良好的出身、门第可以也应当成为成功的良好助力，却不应该成为消解奋斗的理由。

推荐一句联语给大家：

醴泉无源，芝草无根，人贵自勉；

流水不腐，户枢不蠹，民生在勤。

依旧是天地自然昭示给我们的道理，没有庞大的地下根系，可一样长出了美好的灵芝仙草，没有深厚的源头，可一样流出了甘甜的清泉。那没有什么家世背景的你，怎么就不能成为第一流的人才呢？

自古雄才多磨难，从来纨绔少伟男。

这样的例子太多了，我们的汉高祖自述说：吾以布衣提三尺剑取天下。多么大气！我就是一介布衣，没什么世家出身，若问有，只有手中三尺剑，然后取得了天下！

闲话一句，汉高祖手中的这把剑，按照南朝人陶景弘所作的《古今刀剑录》记载，应名为赤霄：

"前汉刘季，在位十二年。以始皇三十四年，于南山得一铁剑，长三尺，铭曰赤霄，大篆书。及贵，常服之，此即斩蛇剑也。"

赤即红色，霄为雨霓，雨天出现的霓，霓就是副虹，通常出现在虹的旁边，颜色排列与虹相反，色彩也要淡一些。这真是一个很华丽很酷的名字。

积极进取，会取得美妙的成果，但接下来，作者就又加上了一句告诫：彩云易散琉璃脆。

这本是白居易《简简吟》中的最末一句：大都好物不坚牢，彩云易散琉璃脆。

不知为什么，美丽的东西总与哀怨有关，李商隐写"沧海月明珠有泪，蓝田日暖玉生烟"，沧海月明，这景象多美，皎洁的珍珠多珍贵，但是偏偏要有泪。蓝田日暖，蓝田玉同样美丽而珍贵，但有烟霭笼罩，朦朦胧胧看不真切。美丽的东西都和悲哀的感情结合在了一起。沧海是海，蓝田是山，月是夜晚，日是白天，无论日夜、冷暖、山海之间，藏有那么美丽的东西，可这美丽永远与哀愁失落结合在了一起。

为什么哀愁？哀愁什么？哀愁美丽珍贵的事物难以长久。

你成功了，品尝到了成功果实的甘美，可不要因此而贪恋不已，成功终会过去，无论多么辉煌的时刻也终会过去，也许此刻的你醒掌天下权，醉卧美人膝，可天下权终会落到下一个人的手中，美人也终要老去。

那么，作者一方面说志士当勇奋翼，可另一方面又说达人当早回头，他到底想告诉我们什么？

过程重于结果。

积极进取，上下求索的过程才重要，无论是否成功，有过淋漓尽致的追求，生命就可以无憾矣。

怎么样，是不是渐渐品出《菜根谭》的滋味了。

不能忘情吟

少壮者，事事当用意而意反轻，徒泛泛作水中凫而已，何以振云霄之翮？衰老者，事事宜忘情而情反重，徒碌碌为辕下驹而已，何以脱缰锁之身？

年轻力壮的人，做每一件事都应用心，却反而轻浮，只能徒然如水面上的野鸭子而已，哪里能够振翅凌云？力衰年老的人，对待事情应该放下牵挂，却反而用情太深，徒然如车辕下的马驹忙忙碌碌，怎么能够摆脱缰索获得自由之身？

春有百花秋有月，夏有凉风冬有雪。人生如四季，不同的阶段，也应有不同的侧重点。

孩提时，就应该天真无邪，开心地玩耍，对世界充满好奇。如果一个小孩子看完一个魔术表演后，不仅没有新奇的喜悦，反而一脸淡漠地说，魔术都是骗人的啊，那我一定觉得这熊孩子一点都不可爱。

少壮时呢？还用问，少壮不努力，老大徒伤悲啊！

《黄帝内经》中认为男性的成长周期是八，即每八年有一次生长变化。三八时，肾气平和、均衡，身高近乎达到极限；四八时，筋骨强盛，肌肉健壮，生命力达到极点，此时刚好三十二岁，正值壮年。

你觉得老天为什么要安排你在壮年时筋骨强壮，筋肉丰隆，难道要你碌碌无为吗？

最怕你一生碌碌无为，却还安慰自己说平凡可贵。

可贵的平淡，是返璞归真后的平淡，是乱红飞过秋千去，繁华落尽见真纯后的平淡，是功成名遂，身退之后的平淡，不曾拼过、追求过，求索过，无所事事，一事无成的平淡，就真只是平淡而已了，哪里可贵了？

少壮者，事事当用意，当振云霄之翼。来吧，别做佛系青年了，不要说什么"都行可以没关系"了，"大胆地叫，大方地跳，大声地哭泣大声地笑"。

男儿何不带吴钩，收取关山五十州！

这是我鲜衣怒马的时刻，不和世界打他几架，怎么对得起神采飞扬的自己？

满堂花醉三千客，一剑光寒十四州！

而当壮年已过，步入暮年，老之将至时，就该事事忘情。

"白尚书（居易）姬人樊素善歌，妓人小蛮善舞，尝为诗曰：樱桃樊素口，杨柳小蛮腰。"

——《本事诗·事感》

大诗人白居易家中有两名歌姬，一名樊素，一名小蛮，白居易为她们写了两句诗，说前者的嘴小巧鲜艳，如同樱桃，后者的腰柔弱纤细，如同杨柳。现代人形容美丽女子时说什么樱桃小口、小蛮腰，就是从白居易那里学过来的。

在白居易六十多岁时，他觉得自己已老，该是忘情的时候了，于是想卖掉自己的好马，并让樊素离开他去嫁人。可是那匹马反顾而鸣，不忍离去。樊素也伤感落泪说："主人乘此骆五年，衔撅之下，不惊不逸。素事主十年，巾栉之间，无违无失。今素貌虽陋，未至衰摧。骆力犹壮，又无虺隤。即骆之力，尚可以代主一步；素之歌，亦可送主一杯。一旦双去，有去无回。故素将去，其辞也苦；骆将去，其鸣也哀。此人之情也，马之情也，岂主君独无情哉？"

如今的我的相貌也还好，马的力量也还有，它可以驮着您代步，我的歌，也还可以让您再喝一杯酒。一旦我们两个都离开了，就再也没有什么可以陪着您了，难道您就真的舍得吗？

白居易也很感慨，挥笔写下了《不能忘情吟》：

骆，骆，尔勿嘶；素，素，尔勿啼；骆反厩，素返闺。吾疾虽作，年虽颓，幸未及项籍之将死，何必一日之内弃骓兮而别虞姬！乃目素兮素兮！为我歌杨柳枝。我姑酌彼金，我与尔归醉乡去来。

马儿马儿你别叫了，素素你也不要哭了，马要回厩，素素要回家。我虽然老病缠身，要离开你们，但还是比项羽当年对着乌骓马别虞姬的时候强。素素啊，你再给我唱首杨柳枝的歌吧，我想要大醉一场。

最终他还是送走了樊素和小蛮，他写的诗虽然名为不能忘情，可最后，还是要忘情。

少年时意气风发，老年时闲静淡泊，这便是极好的人生了。如果少年时活得很平淡，年老时却事事计较，这岂不是另一种形式的颠倒梦想吗？

箭术哪家强

鹤立鸡群，可谓超然无侣矣。然进而观于大海之鹏，则眇然自小。又进而求之九霄之凤，则巍乎莫及。所以至人常若无若虚，而盛德多不矜不伐也。

仙鹤站立在鸡群中，可以说是超然出众无可匹敌了。但是让它与大海上的鹏鸟相比，就一下子显得渺小了。再进一步，让它与那九霄云外的凤凰相比，就会发现根本无法企及凤凰的高度。所以至善之人常常虚怀若谷，高德之人大多不骄矜不夸耀。

这一则想说的道理比较简单，鸡、鹤、鹏、凤，这样一路看去，须知人外有人，天外有天。

我们也说两个这样的故事。

战国时有个叫薛谈的人，向善于唱歌的秦青学习歌唱技艺，学了一段时间之后，觉得已经把老师的东西都学到了，就向老师辞行准备离开。秦青也没有多说什么，在郊外大道上给他践行，唱了一曲歌。"抚节悲歌，声振林木，响遏行云。"薛谈这才知道自己的浅陋，向老师谢罪，请求重新学习，终身不敢言归。

但秦青就是最厉害的了吗？未必。秦青曾对自己的朋友说过一件事：

"昔韩娥东之齐，匮粮。过雍门，鬻歌假食。既去而余音绕梁，三日不绝，左右以其人弗去。过逆旅，旅人辱之。韩娥因曼声哀哭，一里老幼悲愁涕泣相对，三日不食，遽追而谢之。娥复曼声长歌，一里老幼喜欢忭舞，弗能自禁。乃厚赂而遣之。故雍门之人，至今善歌善哭，效娥之遗声也。"

鬻歌假食就是用歌声换取食物，可是得到食物离开后，她的歌声却还整整三天萦绕不绝，人们都以为她还没有离开。逆有迎接的意思，逆旅就是迎接旅人的地方，也即旅馆，那里有人对她不客气，她就曼声哀哭，使那里的男女老少都愁苦悲伤吃不下饭去，等到人家道歉了，她又唱了一支欢快的曲子，大家顿时高兴得跳起舞来，拦都拦不住。

上帝一定吻过她的嗓子。

下一个故事来自欧阳修笔下。陈尧咨擅射箭，有一次在自家园圃中练习射箭，一个卖油的老翁在旁观看，见他十射九中，便微微点点头。陈尧咨自尊心大受打击，不过如果他知道高手在民间的道理估计就不会激动了。他责问老者，老者说射箭不过是手熟罢了，你看我的，"乃取一葫芦置于地，以钱覆其口，徐以杓酌油沥之，自钱孔入，而钱不湿。"滴油如线，穿孔而过，钱币不湿，折服了陈尧咨。

说道射箭，那还真是太符合人外有人这句话了。

先说"野鸡杀手"魏武帝曹操：

"才力绝人，手射飞鸟，躬禽猛兽，尝于南皮一日射雉获六十三头。"

——《魏书》

然而人上有人，再看"兔子噩梦"康熙大帝：

"朕于一日内射兔三百一十八只。"

——《清会典事例》

虽然有书记载，但毕竟是帝王，有所美化很正常，而且围猎的方式也体现不出箭技的高低。

下面飞将军正式出场。

据说李广天生左臂就比右臂略长，十分适合张弓射箭。而据《史记》记载，一次追击匈奴，匈奴只有三个人，却接连放箭射倒了数十名汉军，李广说这是匈奴中的射雕者，于是自己出马，连发三箭，射死两人，重伤一人，不愧是"汉之飞将军"。

但有史可查的记录中，吕布射箭的难度比李广还厉害。

布令门候于营门中举一只戟，布言："诸君观布射戟小支，一发中者诸君当解去，不中可留决斗。"布举弓射戟，正中小支。诸将皆惊，言"将军天威也"！明日复欢会，然后各罢。

——《三国志》

这便是正史记载中的辕门射戟。吕布的戟并非影视中所展示的那种方天画戟，画戟左右两边各一个月牙，看着威风，其实根本无法实战。方天画戟在宋代才出现，而且只用于仪仗，并非实战武器。三国时的戟普遍为卜字戟，即长枪上装一横枝，看起来很像"卜"字。横枝很窄，大约也就三五厘米宽，虽然史书没说距离多远射的，但既然能让"诸将皆惊"，肯定是正常射程。一箭射中横枝，技术极为高超，乃三国时的顶级水准。

但你以为这就够了吗？那你一定是忘记百步穿杨这个成语了。

"楚有养由基者，善射；去柳叶百步而射之，百发百中。"

——《战国策·西周策》

百步之外，一箭贯穿杨柳叶，比吕布还嚣张。

还有更强的吗？

传说中有，比如纪昌，比如后羿，但毕竟是传说，我们就点到即止吧。

世界浩瀚辽阔，江山代有才人出，总有比你更强更牛的人存在，永远不要以为自己已经达到了最高的境界。所以为人应该谦逊，总觉得自己还很不足，从不去夸耀自己的才华功业。

《易经》六十四卦中有一卦名为谦卦，卦辞为："亨，君子有终。"只要保持谦虚忍让，就一定能有所成就。是很好的一卦。

有意思的是，如果我们反过来，凤、鹏、鹤、鸡这样的一路看去，就刚好成了一条鄙视链（这个词被《咬文嚼字》评为2017年度十大流行语之一），前者看不起后者，以此类推。鄙视链的本质，无外乎通过压低别人来体现自身的优越感，这真是一个"方便法门"，因为它避开了需要提高自己的努力，而只要嘲讽贬低别人就可以了。但是呢：

弱小和无知，不是生存的障碍，傲慢才是。

——《三体》

鄙视刚好是谦虚的反面——傲慢，所以呢，可以下结论了：

谦受益，满招损。

繁华落尽见真淳

姜女不尚铅华，似疏梅之映淡月；禅师不落空寂，若碧沼之吐青莲。

美人不喜化妆，就像疏朗梅花映衬着淡淡月光一样迷人；禅师不着空相，就像碧水中吐出一枝青色莲花般自然。

即使不明白这两句话的意思，也会觉得写得很美。

铅华指古代女子的化妆用品，她们在妆粉里面加入一些铅，可以起到美白的效果，铅华就是含铅的妆粉。今天的我们会觉得不可思议，铅不是有毒么，铅中毒可是很严重的。但一则古人对铅的性质并不怎么了解，二则女人对白的向往远远超出你我的想象。

美人应该什么样子？

古人眼中，应该这样子：

手如柔荑，肤如凝脂，领如蝤蛴，齿如瓠犀。螓首蛾眉，巧笑倩兮，美目盼兮。

——《诗经·卫风·硕人》

凝脂也即凝固的脂肪，细腻滑润，洁白无比，而且这个词非常有质感。皮肤洁白细腻正是美女的主要标准之一，或者说，是首要标准。

"妇人本质，惟白最难。常有眉目口齿般般入画，而缺陷独在肌肤者。"（清·李渔《闲情偶寄·声容部》）。

一白遮百丑，良有以也。

那就不难理解为什么铅粉这么受欢迎了，就算知道它有毒，估计也不会立刻拒绝。看看今天女人化妆品的丰富，就知道爱美之心，古今如一，化妆之盛，今古无二。

不尚铅华就是不喜欢化妆，换句话说，敢以素颜示人，有这样的人吗？有。

虢国不施脂粉，自炫美艳，常素面朝天。

——宋·乐史《杨太真外传》

虢国就是虢国夫人，唐代著名美人杨贵妃的姐姐，她敢于素颜见天子，世称素面朝天。诗人张祜咏之曰："虢国夫人承主恩，平明骑马入宫门。却嫌脂粉污颜色，淡扫蛾眉朝至尊。"

她敢于这样做，当然是因为她天生丽质，但洪应明这两句话的意思，却并非告诉人们长得好就别化妆这么通俗易懂。美丽的女子洗去铅华，似疏梅之映淡月，就如同淡月掩映下的疏梅，这意境多么淡雅，多么自然真实。人的本真，才是真正的美，清水出芙蓉，天然去雕饰，这才是真正的美。即使你没有虢国夫人那样美丽，你也一样可以选择真实坦诚地面对所有人，面对生活，面对自己。

是的，我不美丽。但素面朝天并不是美丽女人的专利，而是所有女人都可以选择的一种生存方式。

看着我们周围。每一棵树、每一叶草、每一朵花，都不化妆，面对骄阳、面对暴雨、面对风雪，它们都本色而自然。它们会衰老和凋零，但衰老和凋零也是一种真实。作为万物灵长的人类，为何要将自己隐藏在脂粉和油彩的后面？

…………

脸，是我们与生俱来的证件。我的父母凭着它辨认出一脉血缘的延续；我的丈夫，凭着它在茫茫人海中将我找寻；我的儿子，凭着它第一次铭记住了自己的母亲……每张脸，都是一本生命的图谱。连脸都不愿公开的人，便像捏着一份涂改过的证件，有了太多的秘密。所有的秘密都是有重量的。背着化过妆的脸走路的女人，便多了劳累，多了忧虑。

…………

我相信不化妆的微笑更纯洁而美好，我相信不化妆的目光更坦率而直诚，我相信不化妆的女人更有勇气直面人生。

——毕淑敏《素面朝天》

禅师的主要工作当然就是参禅，参禅是为了悟道，悟出一个什么道理呢，悟出缘起性空，简称悟空。

是的，《西游记》中三个徒弟的名字都起得十分有味道。悟空，体悟到万法皆空的道理了，这境界才是佛境界，所以孙悟空最后成为斗战胜佛；悟净，得悟清净之境，也不错，但比佛还差了一个菩萨，所以沙悟净最后成为金身罗汉；而悟能，就只是净坛使者了。

参禅求开悟的人，就是要悟出一个"空"字，在佛家观念中，"空"才是世界的本质。可佛法奇妙的地方在于，如果你心中从此怀有一个空的念头，强迫自己以四大皆空的观点来看待世界，那么你一辈子也悟不到这个真正的空之境界。也就是说，你既要追求它，又不能执着于它，能做到这一点，便为"不落空寂"，这里的落，要理解为执着。

这样的禅师，才是得道的真禅师，境界如碧沼青莲，淡雅真纯，从热闹繁华中开出淡泊与洒脱，绝美而稀有。

岁寒心

> 花逞春光，一番雨、一番风，催归尘土；竹坚雅操，几朝霜、几朝雪，傲就琅玕。
>
> 鲜花在春光中争奇斗艳虽然美好，但经过一阵风吹雨打，便很快凋谢归入尘土；翠竹坚定情操高雅，虽经过几多霜打雪压，仍然傲立让人倍感珍贵美好。

我来提个问，从文学角度看，一个人由哪些因素构成？

分子？原子？细胞？虽然不能说不对，但这可不是文学的角度，因为你不能夸一个漂亮女生说你是一堆很迷人的蛋白质，她不生气才怪。况且，在网友们的活学活用下，蛋白质还可以看成是笨蛋白痴神经质的缩写。

文学意义上，一个人，可以由三个字构成：骨、血、心。

骨有媚骨、傲骨之分；血有冷血、热血之别；而心的种类就更多了。

草本如人，亦有骨与心。

竹子的骨为傲骨，至于心，一句诗说得好："岂因地气暖，自有岁寒心。"有了傲骨与岁寒心，就能不惧霜雪。

霜雪九月中，气肃而凝，露结为霜矣

——《月令七十二候集解》

当气温下降到一定程度，空气中的水汽便会在地面凝结成白色结晶体，便是霜。霜虽然是个形声字，可如果从会意的角度看，霜是水的另一种相，于是用相、雨来造字，也很贴切。

霜多出现在秋季，古人将五行配四季，秋配什么呢？

配之以金。

金主刑杀，故秋主肃杀，所以犯人要秋后问斩，以应天时。古往今来，吟咏秋的诗句多为凄切哀怨之音，但是不是所有草木都臣服于秋呢？当然不是，当秋天肃杀之气袭来，天地万物莫不蛰伏，避之唯恐不及。但是中通外直，拥有傲骨的修竹，却冲霜傲雪，与充塞在广漠长空的肃杀之气相抗。

花无傲骨，但颜值颇高，在温暖的春光中竞相绽放，自是美丽异常，可风雨过后，便"零落成泥碾作尘"了，而且不能"只有香如故"，因为它们不是梅花。

老师，你是在说草木吗？

当然不是，我们的文化中，人与自然从来就难分彼此，山川草木总关情，"乐其乐亦宣泄于自然，忧其忧亦投诉于自然"。

明明灭灭重重叠叠的意象中，说的，始终都是人的情感。

"以我观物，物皆著我之色彩。"

所以，洪应明是在说，为人要有傲骨岁寒心，而不必在意颜值。

不要移情别恋

秋虫春鸟共畅天机，何必浪生悲喜；老树新花同含生意，胡为妄别妍媸。

秋天的鸣虫与春天的啼鸟都在舒畅快乐地释放着天性，何必因此而轻易地引动悲喜之情；苍老的树木与新生的花朵都蕴含着欣欣向荣的生机，何必随意判别谁美谁丑？

"谁道闲情抛弃久，每到春来，惆怅还依旧。"

我们的古代文士，心中大多都有一个伤春的情结。你也许奇怪，春光那么好，惠风和畅，草长莺飞，怎么会觉得伤心呢？

春之一季有三月，分为孟春、仲春、季春。其中季春也叫暮春、晚春，是美好春光已经快要消失，花瓣飘零、春意阑珊的时候，人们因为难过于春光的即将结束，所以悲伤。而仲春正值春光最好的时候，但人们会想到这样美好的时刻却不能永恒，难过于春光的终将逝去，所以也会悲伤。好吧，那么孟春总该没话说了吧？孟春时，有些诗人会感叹此时的春意不浓，亦有惋惜之意。

我们看一下诗词中的伤春情怀：

"满目山河空念远，落花风雨更伤春。"

"蚤是伤春梦雨天，可堪芳草更芊芊。"

"草阁烟横，花蹊雨润，伤春谁画鸦眉。"

"柳梢梅萼春全未，谁会伤春意。"

"惆怅春归留不得，紫藤花下渐黄昏。"

好了，让我们暂时放过春天，当多情的文人墨客与秋天相遇又会怎样？

"悲哉，秋之为气也！萧瑟兮草木摇落而变衰。"

果然不出所料，我就知道，他们会因为秋天的肃杀萧索而悲叹。

至此，伤春悲秋这个词已形成，它是古典诗词中一个重要且源流深远的母题。

不过，"春姑娘"真的天生忧郁吗？"秋娘"真的天生无情吗？美学家朱光潜先生告诉我们，未必。

云何尝能飞？泉何尝能跃？我们却常说云飞泉跃；山何尝能鸣？谷何尝能应？我们却常说山鸣谷应。在说云飞泉跃、山鸣谷应时，我们比说花红石头重，又更进一层了。原来我们只把在我的感觉误认为在物的属性，现在我们却把无生气的东西看成有生气的东西，把它们看作我们的侪辈，觉得它们也有性格，也有情感，也能活动。这两种说话的方法虽不同，道理却是一样，都是根据自己的经验来了解外物。这种心理活动通常叫作"移情作用"。

"移情作用"是把自己的情感移到外物身上去，仿佛觉得外物也有同样的情感。这是一个极普遍的经验。自己在欢喜时，大地山河都在扬眉带笑；自己在悲伤时，风云花鸟都在叹气凝愁。惜别时蜡烛可以垂泪，兴到时青山亦觉点头。柳絮有时"轻狂"，晚峰有时"清苦"。陶渊明何以爱菊呢？因为他在傲霜残枝中见出孤臣的劲节；林和靖何以爱梅呢？因为他在暗香疏影中见出隐者的高标。

——《谈美》

伤春悲秋也只是文人们的一种移情心理而已。

所以洪应明就劝我们没事不要"浪"，不要轻易移情别恋，而应该以一颗平常心去看待自然。

当我们摘下悲观的有色眼镜，才会看到大自然生机勃勃的真面目。春天的鸟儿，秋天的草虫，不都是天地间可爱的生灵吗？苍老的树木，新生的花朵，不都是同样孕育着欣欣生意吗？

不唯自然，人事亦当以此平常心观照。

成与败，不都是事物发展的必然部分吗？生与灭、悲与喜、苦与乐，不都是人本来就具有的天赋情感吗？那么也就不必因成功而狂喜忘形，不必因失败而消沉不起。

喜怒哀乐，皆随本心，宠辱不惊，一任自然，这正是《菜根谭》所推崇的修养境界。

　　以平和自然的心态去观照生命中每一个应该到来的阶段，一定会看到生命本真的色彩，它一如阳光，虽看似无色，其实多姿多彩。

月　白

（风清月白，宁静高洁，对应闲适）

舍得舍不得

一场闲富贵，狠狠争来，虽得还是失；百岁好光阴，忙忙过了，纵寿亦为夭。

一场无关紧要的富贵，费尽心机争夺过来，虽然得到了，却会失去更宝贵的东西；长寿百年，美好岁月却在匆匆忙忙中度过了，纵然长寿，也如同短命一般。

蒋勋先生说他有两方印。

我有两方印，印石很普通，是黄褐色寿山石。两方都是长方形，一样大小，零点八厘米宽，二点四厘米长。一方上刻"舍得"，一方刻"舍不得"。"舍得"两字凸起，阳朱文。"舍不得"三个字凹下，阴文。

我觉得这两个词很有味道。舍不得，就会想办法得到，而舍得，就是失去，所以这两个词，其实说的还是得失，却比单纯的"得失"这个词多了一份人情味。

他还讲过一个故事，这个故事我也读到过，很能体现人取舍之间的有趣心情，宋四家之一的米芾写过几行随笔，说的就是这件事：

苏子瞻携吾紫金研去，嘱其子入棺。吾今得之，不以敛。传世之物，岂可与清净圆明本来妙觉真常之性同去住哉？

琅玡紫金砚是传世的名品，书法家无人不爱，即使是向来洒脱、不为物羁的苏东坡先生，他向米芾借来紫金砚，然后就舍不得了，他那时已经病重，就嘱咐儿子说把这个砚随自己陪葬。好友这一最后的愿望，按说米芾你就满足一下吧，但米芾也舍不得，说了个理由，这是传世的东西，怎么能够与人的遗体这种已经完全涅槃、修成正果的圣洁之物放在一块呢？夸了下苏东坡，并暗示说你是脱俗之人啊，涅槃的境界，要学会舍得放下啊。然后把砚台又要了回去。

对于人人都很向往的富贵，到底该舍得舍不得呢？洪应明说还是应该舍得，尤其是"闲"富贵，舍不得，就会失去更珍贵的一些东西。

电影《金钱世界》世界讲述的是这样一个故事：世界首富保罗·盖蒂之孙被黑帮绑架，绑匪向其母亲索要天价赎金，而已经与丈夫离婚的她无力支付这笔赎金，只能向盖蒂家族求救，但让人意外的是，富可敌国的老盖蒂却拒绝为孙子支付赎金，冲突就这样被进一步激化。各方媒体、前 CIA 特工等纷纷登场，希望事情能出现转机……

资深影迷或许会觉得这样的矛盾冲突设定中规中矩，在剧情片中也算不得如何出彩。可不同的是，该影片改编自真实事件。现实中的盖蒂家族靠石油创造了巨额财富，创业过程中，用"狠狠争来"形容确切不过。但家族中人对亲情漠视，对金钱极度吝啬，最终使盖蒂家族衰落。

坐拥金钱世界，却买不到幸福。

西晋石崇，"金谷二十四友"之一，后边我们还会讲到他的故事。他依靠为官时劫掠往来富商而致富，用"狠狠争来"形容并不为过。他富到什么程度？从后世人们津津乐道的他与晋武帝舅父王恺斗富的故事中可见一斑：

一次，晋武帝暗中助王恺，赐他一棵二尺高的珊瑚树，世所罕有。王恺拿来给石崇看，石崇看后，一言不发，突然暴走，用铁如意击打珊瑚树，随手敲下去，珊瑚树立刻粉碎。王恺大怒，认为石崇是嫉妒自己的宝物，石崇却说："这不值得发怒，我现在就赔给你。"命令手下人把家中的珊瑚树全搬出来，每株都高有三四尺，光耀夺目，如王恺那样的就更多了。王恺看了，失意不已。

他家还有一个可怕的规定，凡客人来了，必由美人劝酒，若客人不喝，就杀掉劝酒的美人。

他得到了富贵，但我觉得，他却失去了很大一部分的人性。

人都希望可以活到百岁，所以百岁被古人称为期颐，期待圆满的意思。可这百岁的人生，你要能慢下来，要能舍得一些时间去享受生活，才算有意义。

我的身边就有一位总是喜欢叫嚣着"快快快"的朋友，特别容易着急，又加之姓王，所以我们戏谑地称她为"王老急"。

　　某次同学聚会，同学甲选在一家生意红火的烤鱼餐厅，需要排队等号。"王老急"一看这阵势便立刻要求换地方。

　　十一假期，"王老急"约上三五好友出行。她早早安排好行宿，详尽规划每一天的行程，在她的设计里，我们每半天就要走完一个景点。七天里，我们一行人每天都是早出晚归，虽然去了很多地方，但每次拍完照片，想要好好观赏一番时，"王老急"总会催促，"快点，快点，不然来不及了"。

——《生活，或许可以慢慢来》

　　这样的生活法，"忙忙过了"，真的是即使活到一百岁也没有百岁人生的滋味。

　　能够偷闲的人，才能发现细节的妙趣。

　　元丰六年十月十二日夜，解衣欲睡，月色入户，欣然起行。念无与为乐者，遂至承天寺寻张怀民。怀民亦未寝，相与步于中庭。庭下如积水空明，水中藻荇交横，盖竹柏影也。何夜无月？何处无竹柏？但少闲人如吾两人者耳。

——《记承天寺夜游》

　　文字虽短，却千古流传，这样的闲适一刻，才是生活滋味。

　　最后：

　　无论甘心，或不甘心，无论多么舍不得，我们最终都要学会舍得。

——蒋勋《舍得，舍不得》

一曲琵琶行

千载奇逢，无如好书良友；一生清福，只在碗茗炉烟。

千载难逢的奇异邂逅，不如阅读一本好书、结交一位良友；一生之中的清闲幸福，只在品一碗清茶、焚一炉轻烟中。

这一则我们不急，先来讲讲关于奇遇的故事。

刘晨、阮肇两个人上天台山采药，结果迷了路。不过按故事展开的套路，这往往是好运的前兆。

他们饥渴交加，突然看到山上某处有桃树，果实已经成熟，两人赶忙攀爬到那里，吃了几颗大桃子，然后就感觉肚子也不饿了，头也不昏了，腿脚也灵便了，精神头也足了。细心的读者当体会，这不是普通的桃子，这是伏笔啊。

他们吃饱后想下山，就顺着水走，结果见到溪流中流过一只杯子，杯子里盛有胡麻饭，两人互相看看，明白这是靠近人烟了，很高兴。然后就在溪边遇见两个女子，容貌十分美丽，还没想好如何搭讪，结果人家女子倒先说话了："刘、阮二郎为何来晚也？"

不仅知道他们的名字，还好像旧日相识一样。这是前世姻缘吗？

然后就邀请两人回家，酒饭款待，宴席结束后，几个侍女捧着桃子，笑着说："二位贵婿随我来。"注意称呼，贵婿，这真是天上掉下个神仙姐姐啊。再然后，就结为夫妻，好花月圆了。这样过了十天，刘、阮要求回乡（这说明故事就是故事，如果是真的，谁会想回去啊），仙女不同意，苦苦挽留下，又过了半年。

又是一度子规春啼，刘、阮思乡心切，二位仙女终于允许他们回去，并指点了回去的路途。等两人回到家乡后，却找不到旧址，四处打听下，结果在一个小孩子（他们的第七代孙子）口中听到，长辈传说祖翁入山采药，之后便没了音信。原来，他们在山上过了半年，山下已经过了几百年时间。两人见状，只得返回采药处寻妻子，结果却怎么也找不到，他们就在溪边踱来踱去，徘徊不已。后来该溪因此得名惆怅溪，溪上的桥得名惆怅桥。

这是一个记载于《搜神记》上的遇仙故事，那两个女子，就是桃花仙子。

有遇仙的故事，当然也有遇鬼的故事，这类故事《聊斋志异》中写了许多，我们不赘述了。我们再引一个遇奇人的故事。

左慈，字符放，庐江人也。少有神通。尝在曹公座，公笑顾众宾曰："今日高会，珍羞（馐）略备。所少者，吴松江鲈鱼为脍。"放曰："此易得耳。"因求铜盘贮水，以竹竿饵钓于盘中，须臾，引一鲈鱼出。公大拊掌，会者皆惊。公曰："一鱼不周坐客，得两为佳。"放乃复饵钓之。须臾，引出，皆三尺余，生鲜可爱。

——《搜神记》

这些奇遇，亦真亦幻，读来很有趣。可读得多了之后呢？是怅然，是无味。

种种奇遇，就如同一味味道奇异的调味料，偶尔使用一次，会觉得鲜美异常，可终究，比不得真真切切的家常味所带来的长久感动。所以作者说，无如好书良友。

好书是一种陪伴。

"如果有天堂，天堂应该是图书馆的模样。"这句话出自阿根廷国家图书馆馆长、著名作家博尔赫斯，可不幸的是，他当时因为严重的眼疾已近乎失明。所以他自嘲："命运赐予我 80 万册书，由我掌管，同时却又给了我黑暗。"但看不见，却不能改变他的感受："对我来说，被图书重重包围是一种非常美好的感觉，直到现在，我已经看不了书了，但只要一靠近图书，我还是会产生一种幸福的感受。"

喜欢读书的人，都会理解这句话，书籍的陪伴真的会带来一种幸福感。

读书是一种对话。

从来没有人读书，只有人在书中读自己，发现自己或检查自己。

你一直以为自己是个很冷漠的人，可当你读到一段离别、一次奉献时，你忍不住热泪盈眶，你明白其实自己心中也有柔软的一面。你以为自己是个得过且过的人，可当你读到一篇英雄的故事时不禁肃然起敬，这时你才知道自己潜藏在心底的英雄情结，你不想碌碌无为，你也很想创造生活的意义。

你在书中与大师们的思想相遇，追忆着那些过去的时代风貌，感受着从前自己所没有觉察到的动人情感，透过纸张，一段段生命鲜活起来。

你在阅读中，发现了一个更好的自己。

朋友作为五伦之一，从古至今都一向为我们所重视。我常常想，我们为什么要交朋友？寻求关心的话，我们有父母亲人啊，还有什么关怀能胜过来自父母的关怀呢？寻求倾听的话，我们有爱人啊，夫妻之间，无话不谈，什么烦恼心事都可以讲给妻子/丈夫听啊。我们为什么还想要交到真挚的朋友？

因为想要获得理解。

你可以向你最亲密的爱人诉说，但你未必能得到你想要的理解。

在这个世界上，你只与一个人有命定的灵犀。神牵的线，你不能改变，也不能反抗。这个人不一定是你的妻子或丈夫，不一定是你长久的伴侣。很多情况下，你将无法与这个人共度余生。

——《鲸鱼之歌》

与你心有灵犀、能真正理解你的人，常常都不是与你最亲近的人。而人们对理解的渴望，又是那样的强烈，以至于我们的文化中，认为"士为知己者死"是一种高贵的行为。

关于理解的故事很多很多，这次，我们讲一个平淡一些的。

两个天涯沦落之人，在一次萍水相逢的聚散中，得到一份珍贵的理解。他们以后不会再见。正因为知道对方只是人海中的过客，所以这份理解不浓、不烈，也不苦，却又余生难以忘记，总会在某个柳絮纷飞的时刻，想起这份温情。

你一定已经猜到，我想说的是《琵琶行》。

十三学得琵琶成，名属教坊第一部。曲罢曾教善才服，妆成每被秋娘妒。

五陵年少争缠头，一曲红绡不知数。钿头银篦击节碎，血色罗裙翻酒污。

今年欢笑复明年，秋月春风等闲度。

曾经一曲弹罢，红绡不知数的琵琶女，其风华当真让人追忆不已。可为何年轻时的自己不懂珍惜，任凭容颜老去？如今，琵琶该是越发弹得出神入化了吧？却只能在午夜梦回时，去重温那年轻时的繁华。醒来，唯有眉间清泪，打湿面颊红装。

在这里，谁能听懂她的琵琶声，谁能欣赏她？没有人，没有。

可她终究还是幸运的，遇到了白居易，那个凭一句"野火烧不尽，春风吹又生"便让顾况改口赞曰居天下也容易的人，也有失意的时刻。恰好在那样一个时刻，两人相遇了，那天的月光，浸透了江水碧色，清凌凌地照着两岸的枫叶荻花。

"今夜闻君琵琶语，如听仙乐耳暂明。"

我知道你的惊才绝艳，我知道你的心中伤悲，然而，然而，我也不能为你做什么。歌者的歌，舞者的舞，侠客的剑，文人的笔，我唯有用手中的一支笔，将你的心情化作文字曲折、韵脚平仄，记下这一刻。那么，当你觉得凄苦的时候，当你觉得孤独的时候，你知道，这世间还有一个人，也和你一样，他懂你的音乐，他明白你的心思，那么，你也许就不会那么辛苦了吧？这一点人间的温情，可以暂时温暖你手中冰冷的琵琶弦吧。

"同是天涯沦落人，相逢何必曾相识！"

比相遇更为匆忙的，是分别，白居易没有写他们彼此是如何道别的，所以我只知道，那晚的秋月，倒映在江心，皎洁如霜雪。

现在是不是觉得，好书良友，确实胜过千载奇逢？

至于本则后半句，说的是人生中的平淡与清闲滋味，我们会在后文中讲述，这里就不写了。

美 酒 白 鸥

> **兴来醉倒落花前，天地即为衾枕。机息坐忘盘石上，古今尽属蜉蝣。**
>
> 兴致来时，醉倒酣睡在飘落的花瓣前，天地便是被子和枕头；机心全忘却，坐在巨石上物我两忘，古今世事都如同蜉蝣一样微不足道。

这两句，描绘了一种非常宏大高妙的境界，我们虽然很难做到，但不妨听一听，让自己的心胸也一时开阔起来。

先说醉，无数的诗词歌赋都表明，古人很喜欢喝酒，以斗酒诗百篇闻名的李白给出了最佳理由：

天若不爱酒，酒星不在天。地若不爱酒，地应无酒泉。天地既爱酒，爱酒不愧天。

说得多好，天地都喜欢酒，你一个区区地球人，凭什么阻止我喝酒？

话说魏武帝曹操是曾颁布过禁酒令的，因为酿酒的粮食是珍贵的粮草军需，怎么可以用来浪费酿酒？但手下人也很拼，为了安全地喝酒发展出一种暗语：称清酒为圣人，白酒为贤人。

"太祖时禁酒，而人窃饮之，故难言酒，以白酒为贤人，清酒为圣人。"

——《魏略》

可以想象这样的对话：

"嘿，兄弟，你今天见圣人了吗？"

"何止见了，我还与圣人深入地交流了一下，圣人的话火辣辣的，听过之后肚子里暖暖的。你呢？"

"我只是与贤人谈了会儿，贤人的话太难懂，我现在头还晕乎乎的。"

这说明大家都喜欢酒，而要禁止一项大家喜欢的事物是很不容易的。

但重点来了（敲黑板），我们的传统文化推崇酒，可你何曾见过史书为醉鬼立传？酒之所以成为文化，并不在于你多能喝，而是你是否领会了它的意义内涵——酒所代表的一种傲岸情怀。

醉，代表了一种态度，这种态度绝非醉生梦死，而是在醇酒芳香中、在朦胧醉意中，看淡了人世间的一切是是非非纷纷扰扰。这一刻，除了酒以外再无他事，藐视一切功名利禄，笑傲一切权贵礼法。这才叫知味。所以我们读"古来圣贤皆寂寞，惟有饮者留其名"时才觉得痛快之至，而不必去分辨什么合不合理。

曹操禁酒，可他在《短歌行》中写道：

对酒当歌，人生几何！譬如朝露，去日苦多。慨当以慷，忧思难忘。何以解忧？唯有杜康。

人生如寄，是当时时代的一种感慨，因为魏晋时期算是一个比较混乱的时期，战乱频繁，朝不保夕，所以人生无常、及时行乐的思想在社会上很流行，如"生年不满百，常怀千岁忧。昼短苦夜长，何不秉烛游！"曹操也不能不受影响，他也写"人生几何"的忧虑，那怎么解忧呢？

唯有杜康！

这个唯字下得多狂，唯就是只、唯一、排除其他的一切可能。只有酒，我只看重酒，那么除了酒之外的呢？权力、财富、美人……我全无视，全都不能解我的忧愁。为什么你这样说，如果你没有体验过、拥有过，你怎么知道不行？但曹操这一切都拥有，他觉得这些都没用。这感觉就像别人追求了一辈子得不到的东西，我也追求，然后得到了，然后看了看说，也不过如此，还不如我的杯中美酒，就信手一丢，多么洒脱。

黄庭坚写自己醉后"风前横笛斜吹雨，醉里簪花倒著冠"，我横起笛子在风雨中吹，我倒戴着帽子还插着花，这都是不合时宜的狂放行为，只有在酒后醉中才能这样放肆无忌。

洪应明也不遑多让，在坠满落花的地上一倒，天为被子，地为枕，倒头就睡，管你什么合不合理，这种醉后的浪漫举动和狂态，真有说不尽的洒脱豪情在其中。

机心就是机巧功利之心。

《列子》中记载了一个故事："海上之人有好沤鸟者，每旦之海上从沤鸟游，沤鸟之至者百往而不止。其父曰：'吾闻沤鸟皆从汝游，汝取来，吾玩之。'明日之海上，沤鸟舞而不下也。"

沤是个通假字，即欧，沤鸟就是海鸥。当你想要捉一只来玩的时候，海鸥就不下来陪你玩了，因为你已经有了机心。

机息就是机心止息，坐忘就是物我两忘。

高原风沙，长江浪啸，秦中剑影，汉川古调，悠悠千年，古往今来，那么多惊天动地的大事：王朝更迭、杀伐征战……这些事如果仅从动机来看呢？

清朝乾隆皇帝喜欢游江南，这一回，他又来了，来到镇江金山，登上了江天寺宝塔，看长江中船来船往。他问身边陪同的一位老和尚："你在这里住了多少年？"老和尚说："快五十年了。"乾隆又问："这五十年来，你看这江上每天来来往往有多少只船？"老和尚回答说："我只看到两条船。"乾隆很奇怪："这是什么意思？五十年了，却只看到两条船？"老和尚说："一条为名，一条为利，如是而已。"乾隆恍然，很高兴，认为这个老和尚的回答勾勒出了世相。

天下熙熙，皆为利来，天下攘攘，皆为利往。

从动机上看，那么多波澜曲折的事件，也不过只是为了名利二字而已。那么当我根本不在乎机巧功利时，"机息坐忘"，再去看这些事，便也没什么了不起的，"尽属蜉蝣"。

别人推崇的高官厚禄，在我这里，微不足道。

楚王曾派使臣重金礼聘庄子为相，可庄子却笑着说："千金不可谓不厚；相国不可谓不尊。但您看过祭祀时被杀的牛吗？用上好的饲料喂养多年，祭祀时身上还披着华丽的绸缎，可当它被送上祭坛的那一刻，即使想做一头小猪也不能够了。所以您还是走吧，我宁愿像小猪那样在污泥浊水中自由自在地生活，也不愿被执掌权利的人束缚利用。"

看来以后我们说自己是猪时也要掂量一下够不够资格了（笑）。

庄子不仅能忘机，还能忘情，我一直觉得庄子写过的最好句子，不是什么"吾生也有涯，而知也无涯"，不是什么"至人无己，神人无功，圣人无名"玄乎其玄的东西，而是那句：相濡以沫，不如相忘于江湖。

以这样的胸襟、怀抱、眼光去看浮世人情，岂止古今事不足道，就是生死，也都举重若轻了。

老鹤寒松

昂藏老鹤虽饥，饮啄犹闲，肯同鸡鹜之营营而竞食？偃蹇寒松纵老，丰标自在，岂似桃李之灼灼而争妍！

轩昂超群的老鹤即使饥饿，饮水啄食也依然悠闲从容，怎么会同家鸡野鸭竞抢食物？高耸傲立的寒松纵然苍老，丰采标姿也依然还在，怎么能像桃树李树那样竞相争奇斗艳？

真正的风度，显现于困境之时。

孔子是个喜欢音乐的人，他喜欢唱歌，也喜欢和别人的歌："子与人歌而善，则必返之，而后和之。"（《论语·子罕》）

他会演奏乐器，并能在演奏中注入自己的感触："子击磬于卫，有荷蒉而过门者曰，有心哉，击磬乎！"（《论语·宪问》）

他懂得节制，知道歌声要与心情相配合，所以："子于是日哭，则不歌。"（《论语·子罕》）

他会深深地沉浸在音乐的美妙境界中：子在齐闻《韶》，三月不知肉味。曰："不图为乐之至于斯也。"（《论语·述而》）

他会在吟咏诗歌的时候辅以伴奏："三百五篇，孔子皆弦歌之，以求合韶武雅颂之音。"（《史记·孔子世家》）

但他最好的音乐，却出现在这个时候：

"孔子不得行，绝粮七日，外无所通，藜羹不充，从者皆病。孔子愈慷慨讲诵，弦歌不衰。"（《孔子家语·在厄》）

那一年，孔子前去拜见楚昭王，路经陈蔡，被两国发兵困于荒野上，绝粮七日。弟子们都病倒了，可孔子依旧讲授学问，弹琴作歌，并越发慷慨。若为此时的孔子与其弟子们绘一幅画，画的名字，我要题为——老鹤寒梅。

他虽然饥饿，虽然身处困境，却丝毫没有失去从容的仪态，这时的歌声，张扬着他对自己"道"的自信，是真正圣人风度的体现。

老去的寒松，昔日姿态不减，不会去争艳，却越发地引人敬佩。

曹操写下："老骥伏枥，志在千里。烈士暮年，壮心不已。"诗句真的很大气磅礴,但他自己却没能做到,当他成功取得汉中后,本应趁势夺取西川,可曹操也许真的累了,不想打了,他说:"人苦无足,既得陇右,复欲望蜀。"人不该这样不知足,算了吧。

做到这句话的人，是我们的汉高祖刘邦。

比秦始皇小三岁的他，在将近知天命的时候，开始了自己的大业。四十八岁起兵，五十岁入咸阳，五十五岁打败西楚霸王称帝。之后也未曾停歇，从前的战友，如今的敌人，韩信、彭越、英布、臧荼、张敖，一个接一个，都被他逐一打败。直到死前最后一年，他还在征途中。

故事的最后，英雄们差不多都已退场完毕，而高祖，也回到了故乡。他没有炫耀帝王的赫赫威势，没有如秦皇巡游那样惊动四方，他只想和故乡的百姓一起畅饮：

酒酣，高祖击筑，自为歌诗曰："大风起兮云飞扬，威加海内兮归故乡，安得猛士兮守四方！"令儿皆和习之。高祖乃起舞，慷慨伤怀，泣数行下。

孩子们和着歌声一遍又一遍地轻声唱，年迈苍老的帝王忍不住眼中的泪光。

一生的风云激荡，永不屈服的西楚霸王，如画图般美丽的山河大地，神采飞扬的朋友伙伴，都远去了，我也该休息了。

长风烈烈啊，浮云飞扬。

纵横四海啊，走了那么久，那么远，终于回到了故乡。

我的猛士们啊，为我永世守护着，这美丽的家园吧！

寒松纵老，丰标犹在，大哉，汉高祖！

心曲线

花开花谢春不管，拂意事休对人言；水暖水寒鱼自知，会心处还期独赏。

花开花谢春天并不理会，自己不如意的事情不必对别人诉说；水暖水寒鱼儿自己知道，触动内心的地方还是独自欣赏吧。

这里采用的说理手法仍为一贯的由自然之理推及人事之理，春天不管花开落，他人也不会对你的拂意事多么在乎。这句话给我们浇了一点冷水，但适当地淋点冷水，能起到清醒的作用，能够帮助我们更好地认清自己的位置。

我们也不过是大千世界中的一个平凡人而已，重要，也不重要，你伤心，但不能要求全世界都陪着你伤心。每个人都有自己的烦恼事，你的，又有什么特别呢？

能认清自己的位置，便接近孔子所说的"毋我"了，不以自我为中心。

荡开一笔，女孩子如果认为自我是世界的中心，那就更糟糕了，因为你已经病了——公主病。

我现在很伤心，你，对，就是那个你，快过来安慰我，给我买块蛋糕去！这是什么鬼天气！好热啊，你去把太阳给我射下来！出门当然要坐车啊，不然晒到了我的皮肤怎么办？你没听到吗？我现在很难过，去陪我买东西，把你的信用卡给我，这个、这个、那个，都要了，每个颜色最小号，全给我包起来，让他拿着。什么？你有事？那关我什么事，蛋糕买回来了吗？这个蛋糕太甜了！怎么能给我吃这种东西！不合胃口的东西我是不会吃的。你眼睛在看哪个女孩？就她？怎么打扮也比不上我漂亮，她一定嫉妒我，哼！！

不过，注意作者的用词，休对人言，人即他人，和我们关系泛泛，他人并没有为你解忧的义务，你也没有拿自己的烦恼去麻烦别人的权利。但如果是知交好友，那就应该别论了，与朋友分享快乐，快乐会因分享而加倍；与朋友分担痛苦，痛苦会因分享而得以释化。

庄子与惠子是一对"相爱相杀"的好朋友，经常斗嘴，其中一次最为出名。

两人游于濠梁之上，庄子说："水中的鲦鱼游得从从容容，很快乐啊。"惠子反问："你又不是鱼，怎么会知道鱼的快乐呢？"庄子回答："你也不是我啊，怎么知道我不知道鱼的快乐呢？"惠子使出必杀："说得好，我不是你，所以我不知道你的感受。而你不是鱼，所以你当然也不知道鱼的感觉。"但庄子使出截必杀："让我们回到起点，你问我怎么知道鱼的快乐，从这个问题中我听出来，你其实已经了解到我知道鱼很快乐，只是不知道我是如何知道的才发问。现在我告诉你，我是在濠上知道的。"

这一段濠梁之辩人们很喜欢，流传甚广，人们从逻辑的角度研究了许多，但我们不谈逻辑，这件事其实也体现了一点：彼此之间的不相通。

客观地说，庄子和鱼并不相通，人与物之间是不可能相通的，这是由生理结构决定的，绝非逻辑、诡辩可以改变。蝙蝠靠超声波来感知这个世界，作为人，你如何能够理解蝙蝠"眼"中的世界？无论多么丰富的想象力，也不可能想象出超声波描绘下的世界是怎样的。

也许人们特别想打破这种形体的限制，所以在神话中，生物可以自由变化。代表是孙悟空，天地间化生，后来学会七十二变，彻底没有了形体的限制，他想感受鱼的世界很简单，变成一条鱼就可以了。可神话终究是神话。

惠子与庄子之间也不相通，岂止他们，人与人之间也不相通，你不是我，你就不可能完全理解我的感受、我的世界。你向别人推荐一部电影、一本书，肯定不希望他／她看完后冷淡地说好无聊。可心平气和想一想，你又不能怪对方，因为他的感受完全可能是真实的，你会心一笑的地方，他也许完全不知道笑点在哪里。你击节赞叹的地方，他也许一头雾水。所以有许多会心处，还真的就只能独自欣赏。

如果那是两个人的会心处，那会很幸福，可两个人与世界相比，依然是一种"独自"的状态。

近代数学的始祖级人物笛卡儿一生只爱过一个人——瑞典公主克里斯汀。两人因为数学而结缘，亦因为数学而产生情意，但两人不只地位相差巨大，即使年龄也相去甚远，所以国王割断了他们之前的情丝。与公主分离后，笛卡儿身患重病，但他坚持每天给公主写信，当写到第十三封信的时候，他永远离开了这个世界。

信被国王截留，并没有交到公主手上，国王拆开信（你不知道偷看别人信件是不道德的吗），发现十三封信的内容都一样，只有一个方程式：$r=a(1-\sin\theta)$。

国王不懂，召集宫廷中的数学家，他们也看不懂。国王毕竟不忍心看着心爱的女儿日渐憔悴，便将信交给了女儿。克里斯汀看了一会儿之后，突然热泪盈眶。

这就是他们两个人的会心处，不懂数学的我们，完全不知道泪点在哪里。

这是一个曲线的方程，将这个曲线画出来后，那是一颗心的形状。

这个故事记录在《数学的故事》中，这条曲线就是著名的"心曲线"，而这封享誉世界的数学情书，据说至今仍保存在欧洲的笛卡儿纪念馆里，如果同学们去那里旅游，一定要去看一下。

如果会心之处，能够有人能陪你一起欣赏，那多幸福啊，所以我们都渴望遇到一个知己，"不惜歌者苦，但伤知音稀"。

不过如果遇不到，也还可以学学李白先生，"花间一壶酒，独酌无相亲"时怎么办？没关系，可以"举杯邀明月，对影成三人"。

依旧洒脱自在。

浮生若梦

人之有生也，如太仓之粒米，如灼目之电光，如悬崖之朽木，如逝海之一波。知此者如何不悲？如何不乐？如何看他不破而怀贪生之虑？如何看他不重而贻虚生之羞？

人的生命，就如巨大粮仓里的一粒小米，如同耀眼夺目的雷电火光，如同陡峭山崖上的枯朽树木，如同滚滚大海中一个波涛。懂得了这些道理，人怎能不因生命短暂而悲伤？怎能不因看破人生而快乐？为什么还不能看破人生的虚幻而仍然怀着过分眷恋生命的念头？为什么还不能看重人生的价值而留下虚度此生的惭愧？

本则我们来说一个略显沉重的话题：生死观。

洪应明说人生如太仓一粟，苏子说你我"寄蜉蝣于天地，渺沧海之一粟"，生命如同沧海一粟。

洪应明说人生如灼目之电，《金刚经》说："一切皆为法，如梦幻泡影，如露亦如电，应作如是观。"

洪应明说人生逝海之波，孔子说"逝者如斯夫，不舍昼夜"。

表述的语言虽略有不同，但他们，这些我们目之为圣贤的人，都不约而同地看到了生命的一个共同点：短暂、渺小。

苏东坡在《赤壁赋》中这样写魏武帝：

方其破荆州，下江陵，顺流而东也，舳舻千里，旌旗蔽空，酾酒临江，横槊赋诗，固一世之雄也。

细数曹操一生功绩：杀蹇硕、破黄巾、讨董卓、败袁绍、灭吕布、征乌桓、伐刘表、追孙权、战赤壁、克马超、平张鲁、降张绣……的确是位英雄啊。

但苏东坡继续问："而今安在哉？"

现在，此刻，还在哪里呢？在历史长河面前，在时光面前，这样的生命也是渺小的，更何况我们几个在这里泛舟的普通人，"况吾与子渔樵于江渚之上"。

那么短暂，就像什么一样？

像梦。

你在做梦的时候，并不觉得短暂，甚至还以为很长很长，可醒来后，才发觉梦的短暂，这和人生多么相似。你在旅程之中，不以为长，甚至还盼望快点过去，可到了生命的终点，你多希望可以重新活一次。

人生如梦，这就是生命的底色。

知道了这一点，又如何能不悲伤呢？可如果洪应明只写到这里，只问如何不悲？那我是不佩服他的，这一则我也不会选来写。你注意，他还有一个反问放在了最后：如何看他不重，而贻虚生之羞？我们不能不看重人生的价值，不能留下虚度此生的羞愧。

我们知道了人生如梦，可做梦最怕醒不了，成为梦魇，如果我们走不出来，就会走入虚无。那么好也罢，坏也罢，进取也罢，消沉也罢，又有什么关系，反正人生就是一场梦嘛。只有看到了生命短暂渺小的底色后，仍能走出来，这才是真英雄。

"世界上只有一种真正的英雄主义，就是认清了生活的真相后，还依然热爱它。"

——罗曼·罗兰

这就叫重生，但重视生命的同时，又不能贪生，洪应明的这一问也很好："如何看他不破，而怀贪生之虑？"贪生，就会做出许多荒唐事，反倒辱没了生命。

若要评选雄才大略的帝王，秦皇汉武一定榜上有名，多么有建树的帝王，可晚年的时候，他们都浪费大量财力人力去做一件今天看起来十分荒唐的事——寻找仙人，以期"仙人抚我顶，结发受长生"。

秦始皇求仙至少还有点依据："秦始皇帝二十六年，有大人长五丈，足履六尺，皆夷狄服，凡十二人，见于临洮。"

见在此处同"现"，是出现的意思，并不是说秦始皇见到了这十二个人，而是有十二个这样的人出现在临洮。这大约是古代的"巨人族"了，如果这条记录是真的，那秦始皇找神仙还算情有可原，虽然结果可以预料。

汉武帝就荒谬得多了，因为想长生，所以相信各地方士的各种胡说八道，堂堂一代雄主，竟然被江湖方士欺骗了一次又一次，为他们建造楼台，大肆进行封赏。

齐人李少翁说自己可以看到鬼神，刚好武帝宠爱的李夫人去世了，武帝便让李少翁为李夫人招魂。李少翁焚香做法，口中念念有词（是不是很熟悉的感觉），不一会儿，武帝看到帷幄后面出现了李夫人的影子，武帝对此大为赞赏，封李少翁为文成将军。

之后武帝让李少翁帮助他拜见神仙，李少翁使尽办法也请不来神仙，为了不让武帝疑心，他把自己事先写好的帛书放到牛肚子里，然后去跟武帝说牛腹中有神仙的帛书。武帝杀牛取书，他还没来得及高兴，武帝便有所怀疑：杀而视之，得书，书言甚怪，天子疑之。有识其手书，问之人，果伪书。于是诛文成将军而隐之。（《史记·封禅书》）

第二个敢来忽悠汉武帝的名叫栾大，自称是李少翁的同门，法术高超，已经达到了"黄金可成，河决可塞，不死之药可得，仙人可致"的地步，武帝相信了，贪生一念，竟然可以使人迷信至此。封他为五利将军，又拜为天士将军、地士将军、大通将军、天道将军，佩戴四将军印。当真烜赫一时，长安的王公贵族都争相结识他。至于结果，当然也无法使汉武帝见到传说中的神仙，于是被腰斩。

这些人到底见没见到神仙，自己最清楚，可他们看准了汉武帝贪求长生的弱点，都成功博取了一时的荣华。而文成五利，却成了汉武大帝的耻辱。

如何正确对待生死，一言蔽之：重生不贪生。不必因为眷恋生命而整日愁眉不展，害怕死亡的来临；也不能因为感觉人生如梦而得过且过。生命既然如此珍贵，只有一次的机会，便该创造出属于自己的意义，当曲终幕落时，可以坦然地对着观众席说：谢谢，我已有过幸福的一生，再见。

最后，用一段对话来结束本则吧：

"想明白了？"

"想明白了。"

"要放弃吗？"

"不。"

尘梦哪如鹤梦长

地宽天高，尚觉鹏程之窄小；云深松老，方知鹤梦之悠闲。

认识到天地寥廓，才发觉鹏程虽可及万里，却仍然显得狭窄渺小；
体会到云海深厚、松寿千年，才知道鹤梦般的隐居生活多么悠闲惬意。

我们如果祝一个人前程远大，通常会使用鹏程万里这个词，它来自庄子的名篇《逍遥游》：

北冥有鱼，其名为鲲。鲲之大，不知其几千里也。化而为鸟，其名为鹏。鹏之背，不知其几千里也；怒而飞，其翼若垂天之云。是鸟也，海运则将徙于南冥。南冥者，天池也。

读了这段文字，我们会觉得自己的心胸也都一并开阔起来。庄子用非常奇异的想象、非常夸张的笔法，描绘了鲲的自由变化和鹏展翅翱翔的画面。夸张手法的运用尤为出色，不然，他写：北冥有鱼，一尺多长，化而为鸟，巴掌大小。那还能打动人吗？大鹏在海运时要向南海飞去，所以"图南"也成为许多人取名字时的备选词之一。

那么它飞时是怎样的？

"鹏之徙于南冥也，水击三千里，抟扶摇而上者九万里，去以六月息者也。"

它激起三千里高的波浪，直冲九万里的高空，这就是"鹏程"，鹏程万里，真前途不可限量也。

但人的视野取决于参照的标准，如果我们以天地为背景来看的话，大鹏从北海飞向南海，也不过只是地球上的一段旅程而已，终究显得窄小了。

鹤梦一般用来比喻超凡脱俗的追求，鹤梦其实也就是隐士之梦，当你亲眼看到浩茫无际的云海，听到阵阵松涛，就会理解隐居其中是多么悠闲洒脱的生活。

如鹏鸟高飞，追求远大前程的生活，我们可以称之为尘梦。

本则上下两句连起来看，洪应明想说的其实是：

秋花不比春花落，

尘梦哪如鹤梦长。

这是古代一副集句联，上联采自欧阳修，下联撷自唐彦谦。

史书上记载一个人，往往只有几行甚至几页，前一页，这个人可能还庙堂煌赫，富贵到了极致，可也许下一页，就流放贬谪，什么都没有了。从位极人臣到戴罪之身，就只是那么薄薄的一页书，那么短短几年光景，让人真的感慨尘梦如璀璨烟花，虽然华丽，却如春梦一场，很快便了无痕迹。

而鹤梦，漫步山野，长啸林泉，放浪形骸，逍遥自在。此间有鹤长舞、风长吟，此处有花长开、酒长醉，不义富且贵，于我如浮云。

如此才有那些浑不在意富贵权利的隐士们：

唐尧时代，尧想把天下传给一个人，名叫许由，可他不肯接受，逃走了。尧锲而不舍，再一次召他想让他治理天下，这一次，他连听都不想听；尧又召为九州长，由不欲闻之，洗耳于颖水滨。但是你若以为许由是最爱洁的人就错了，一山还有一山高，正当许由在颖水边洗耳朵的时候，有一个人牵牛来水边饮水，这个人就是巢父。他问许由在干什么，许由就把唐尧想把天下让给他的事情说了一遍。巢父听了也很生气，说："子若处高岸深谷，人道不通，谁能见子。子故浮游，欲闻求其名誉，污吾犊口。"你如果真的想做隐士，隐居在高山深谷中，谁又能找得到你？现在人家能找得到你，你又推脱不去，这不是故意求名吗？你在河里这么一洗，不是把河水都弄脏了吗？那我的牛还怎么喝水？巢父牵着牛到上游饮水去了。

可能后人觉得这有点不合情理，大概是假的吧。所以司马迁实地考察，写道："余登箕山，其上盖有许由冢云。"因为《高士传》中说许由死后，就葬在了箕山之巅，山也因此而名许由山。

时至今日，其实仍然有人不愿在快节奏的城市生活中迷失自己，于是回到田园。

　　三月三，桃花仙，酿得桃花酒，请君喝一口。

　　清明时节雨纷纷，艾叶粑粑笼上蒸。

　　四月艳阳，槐花开，采下做碗槐花菜。

　　…………

　　这并不是穿越，而是微博"古风"美食博主李子柒的日常生活，她大约是真正把生活过成了"开轩面场圃，把酒话桑麻"的一个人。

　　其实尘梦也好，鹤梦也罢，我倒并不认为今天的我们也该如洪应明所说的那样，去隐居、去与世无争，但在心底保留一个质朴闲适的角落，总是很好的。

寻找失落的一角

天地尚无停息，日月且有盈亏，况区区人世能事事圆满而时时暇逸乎？只是向忙里偷闲，遇缺处知足，则操纵在我，作息自如，即造物不得与之论劳逸较亏盈矣！

天和地尚且没有停留止息，日和月有盈满又有亏缺，何况渺小的人世，哪能每件事全都圆圆满满、每时每刻都闲散安逸？人只要能在繁忙中抽出一点空闲时间，只要能在遇到缺欠的地方知道满足，如此就能把收放之权控制在自己手中，把劳作与休息安排得妥帖从容，这样，即使造物主也不能与之争论辛劳还是安逸、计较亏损还是盈满。

这一则我很喜欢，它告诉我们，如何面对生活中的缺憾。

这天晚自习让学生们写作文，题目叫《一个普通高中生的一天》，要求在熟悉的素材中写出一点不一样的主题。他们照例抱怨了一番之后，便纷纷从善如流地进入了写作模式，而无事的我则重新翻看自己写的小说。

翻着翻着，心中忽然就生出许多遗憾。

这一篇受别人影响的痕迹太重了，如果完全是自己的独创该多好；这里引用的典故不够新颖，被别人用过许多次了；当时写到这里太累了，寥寥几笔带过，没有展开，现在读来真不舒服；这个地方的人物性格没有仔细刻画；这里的引用忘记标明出处了，会不会被认为是抄袭？写到这里似乎有点随意了，这几段文字没有紧扣主题来写……

总之，就是觉得，如果可以重写一次，一定会写得更好。

把这份心情展开，便衍生出更多的遗憾：如果可以重新读一次高中，一定好好珍惜时间；如果可以重新开始，一定好好对待她，不和她吵那么多架；如果可以重新考一次研，一定好好拜访导师；如果可以重新购买，一定不买那么多乱七八糟的东西；如果可以……

这样展开下去，觉得人生简直全是缺憾，不过还好，这样的心情并没有持续多久。

我想起前两天备课《赤壁赋》时，看过一段蒋勋先生讲书法的视频。看过之后，立刻路转粉，如果说我想成为哪一种人的话，那一定是如蒋勋先生一样的学者，但很显然，缺少那个天赋。

他说在苏东坡的字中，多有败笔，苏东坡是一个很敢用败笔的人。

为什么他明明可以写得很好却没有这样做呢？黄庭坚就不同，每一个字，每一笔都很漂亮。而我们写字时也是一样，如果出现了一处败笔，会整篇字都重写。可苏东坡不，出现了就出现了，偶尔涂涂改改，也都保留了下来。

为什么会这样？

回答是：因为他写字，已经不再完全是为了给别人看，追求别人的赞美了。他是为了抒发自己的真挚情感，他要做自己。

所以败笔也好，涂改也好，都是真实的一部分，他坦然接受。那些写得很随意的地方，恰恰是他兴致很好，心情很自由，写到高兴时的表现，是他在享受写字的一刻。所以这些地方的字，虽然也许不那么漂亮，但却被论者认为是最好的字，气韵生动，无法重复。

黄庭坚就做不到，许多人，都做不到。

遗憾本就是真实的一部分，坦然接受，远胜强行弥补。

无论你多漂亮，总有人不爱你；无论你多才华横溢，总未必一定有人在意。天地尚无完体，何况人事？风景总会和你想象得有些不一样。

绘本作家希尔弗斯坦画过一个很特别的故事——《失落的一角》。画风一如既往地继承了作者的简洁风格，每一页都只用简单的几根线条勾勒着简单的形象，配上寥寥几字。如果此时你再翻过来看看背后定价，心中一定会把它归到"坑"的那一类图书之中。

作者画了这样一个故事：

一个圆缺了一角，于是它一边唱着歌一边寻找那失落的一角。因为缺了一角，所以它不能滚动得太快，于是常常和路边的小虫说说话，蝴蝶会在它身上停留，这是他很快乐的时刻。

它经历了风吹雨打，日晒雪淋，找到了许多角，可有的角太大，有的又太小，有的太尖，有的又太方，好不容易遇到合适的了，它却要么没有抱住，要么因为抱得太紧而使角碎掉了。最后，它终于找到了与自己最合适的那一角，它们组成了完整的圆。

可结局并不在这里。圆发现自己再也无法开口歌唱了，因为它被补完整了，嘴巴无法再开合。又因为现在滚动得太快，它也无法停下来和小虫说说话，蝴蝶再也无法在它身上停留……最后，它轻轻放下那历经艰辛才寻找到的一角，又唱着歌，独自上路，继续着它寻找的旅途了……

怎么样，是不是觉得故事值回"票价"了？

完美有时恰恰是一种缺憾，而缺憾，往往倒比较可爱，至少它给予了我们继续追求的空间。

所以，遇缺处，当知足，往者虽不可谏，来者却犹可追。

滴水藏海

会心不在远，得趣不在多。盆池拳石间，便居然有万里山川之势；片言只语内，便宛然见万古圣贤之心，才是高士的眼界，达人的胸襟。

会心会意不在距离远近，获得乐趣不在东西多少。一盆清水中放置几块拳头大小的石头，就可以营造出万里山川的气势；短短几句话，就能看出远圣先贤的心怀思想，这才是高明之士的眼界，通达事理之人的胸怀。

所谓盆池拳石，说的便是我国自古以来的传统艺术，盆景。

乃如其言，用宜兴窑长方盆叠起一峰：偏于左而凸于右，背作横方纹，如云林石法，巉岩凹凸，若临江石矶状；虚一角，用河泥种千瓣白萍；石上植茑萝，俗呼云松。经营数日乃成。

至深秋，茑萝蔓延满山，如藤萝之悬石壁，花开正红色，白萍亦透水大放，红白相间。神游其中，如登蓬岛。置之檐下与芸品题：此处宜设水阁，此处宜立茅亭，此处宜凿六字曰"落花流水之间"，此可以居，此可以钓，此可以眺。胸中丘壑，若将移居者然。

一夕，猫奴争食，自檐而堕，连盆与架顷刻碎之。余叹曰："即此小经营，尚干造物忌耶！"两人不禁泪落。

——《浮生六记·闲情记趣》

这一段所描写的，是沈复与芸娘两人制作、欣赏盆景的经过。

沈复半生凄凉，平生最称意的事便是娶了陈芸为妻，两人是古今少有的和谐夫妻，但许是老天嫉人圆满，芸娘早逝，独留沈复一人在世，悲苦更甚。

生活中，他们用心制作了一个小小的盆景，精选石材，巧妙布局，最后种上茑萝，花了几天时间才完成。

而到了深秋，盆中景色已然大成，在欣赏过程中沈复有几句感受：

神游其中，如登蓬岛。胸中丘壑，若将移居者然。

这两句正将盆景的精髓说了出来，那便是以小见大，只有布置得宜，盘石之间，便可以显现出名山大川的形胜之美。可惜这样的一个盆景，最后却偶然间毁于猫儿的争斗之中。

他还养过兰花，却也没能逃过"兰花劫"。

好友张兰坡临终时，送给他一盆荷瓣素心春兰，花型大方古雅，花心开朗阔疏，沈复视若珍宝。他游幕在外时，妻子陈芸悉心照料，兰花长得葱绿雅净，花香馥郁。可不到两年，花忽然枯死了。拔根查验，花根洁白如玉，新透兰芽勃然稚嫩，并无半点枯死迹象。后来得知，有人讨要被拒后，竟狠心用滚烫的开水将它浇杀了。

沈复和芸娘是一对在生活中做到了会心不在远，得趣不在多的夫妻，布衣蔬食间能将生活过得富于诗意。

厩焚。子退朝，曰："伤人乎？"不问马。

——《论语·乡党》

有一次孔子退朝，得知马厩被烧，一开口便问伤到人了没有？而通常我们的反应多半是问伤马否？孔子贵人贱畜，是以如此。只言片语中，便可以感受到孔子的仁心。

滴水藏海，因小见大，我们大可不必舍近求远，只要与自然心意相通，就能处处感受到自然的美好。

不过呢，若再深思一层，如果不曾见过万里山川，怎么会判断出这盆石之间的气势就表现了山川万里呢？如果不知道圣贤的思想，又怎么能在片言只语中读出圣贤的心意呢？

要做到会心不在远，得趣不在多，还是要先了解"远"，识得"多"才行。

民间传说，天宝年间，唐玄宗想看嘉陵江的绵延山水，便命画圣吴道子去画，然后带回来给他看。吴道子受命后出发，到了嘉陵江乘舟尽情游览，畅快无比，却什么也没画，回到长安时两手空空。唐玄宗召见吴道子，一看他什么画也没有，不禁大怒，要治他欺君之罪。吴道子却说："请给我纸笔。"长卷铺开，吴道子挥毫不停，墨意淋漓，顷刻间，就画出了三百余里嘉陵江山水风光，虽然风光在纸上，但观看的人，无不感到气势恢宏。吴道子画完回复道："臣将山水美景都记在了心中。"

故事未必是真的，但他的这种创作方式，却被后来的画家张璪总结为"外师造化，中得心源"。

咫尺之内而瞻万里之遥，方寸之中乃辨千寻之峻。

高士眼界，达人胸襟，大约便是这样炼成的吧。

佳人

逸态闲情，惟期自尚，何事外修边幅；清标傲骨，不愿人怜，无劳多买胭脂。

秀逸的神态悠闲的心情，只期望自我欣赏，又何必要处处修饰刻意打扮；清新的姿态高傲的风骨，并不希求别人的怜爱，就无须涂脂抹粉取悦于人。

每天穿戴整齐，打扮漂亮，这是很好的一件事，只不过穿戴这件事，也有许多的规矩细节要讲究，认真落实起来，也有点麻烦。

想服饰搭配得当一些，要考虑五官啊、身形啊、肤色啊、气质啊，等等，不然为什么同是女孩子，她这样穿，搭配这样的色彩就好看，而我就显得不伦不类？剪个发，要考虑层次啊、量感啊、质感啊、轮廓啊什么的……

不，岂止是麻烦，简直是自寻烦恼。

但人们好像乐此不疲，教人如何穿衣搭配的文章多得可以开一门课程了：如何穿出低调奢华风、夏季球鞋怎样穿才出彩、哪些发型最适合冬季的你、男生需要哪些基本款的秋装、为什么有些男人穿衣品味很差……哦，不对，好像的确有服饰搭配学这么一门科目，是我孤陋寡闻了。

如此重视仪容外表的原因为何呢？如果是自己性格本来如此，喜欢整洁修饰，要眇宜修，那自然无可厚非。但如果这样做仅仅是因为世俗评价标准如此，为了迎合他人，那么《菜根谭》作者洪应明有话要说。

惟期自尚，自己了解自己就好了，何必那么讲究外表。

要知道，还有一种美德叫"大行不顾细谨，大礼不辞小让"。做大事的人不拘泥于细枝末节，有大礼节的人不讲究小的谦让。

说个大家都熟悉的小故事：

东汉少年陈蕃，独居一室，室内脏乱差，典型独身男人的房间。一天，他父亲的朋友薛勤见到后批评他，问他为何不打扫干净以待宾客。他回答说："大丈夫处世，当扫除天下，安事一屋？"说的就是大行不顾细谨的道理，但薛勤反驳道："一屋不扫，何以扫天下？"

故事被用来讽刺那些不注重细节的人，有的作文素材书还会在末尾加上一句印证中心思想的话：后陈蕃举兵，果败。

按这样的思路发展，故事应该是：陈蕃闻言虎躯一震，幡然悔悟，痛改前非，每日勤扫其屋。后该屋以整洁干净闻名于世，终获东汉标兵型文明寝室称号，薛勤甚慰，陈蕃亦以为荣。

不过现实中，你猜到底是扫一屋的成名了呢，还是扫天下的成了名呢？

陈蕃，历任郎中、豫州别驾从事、乐安太守等官职，为政严谨，刚正不阿，吏民敬服。后来与大将军窦武共同谋划剪除宦官，事败被杀。乃东汉时期名臣，与窦武、刘淑合称"三君"。

人们评论他说：陈仲举言为士则，行为世范。这是多么高的评价。

至于薛勤，我们只在提到陈蕃这则典故时，才会想起他。而且，其实最后一句话本身也是杜撰的，原来的版本如下：

陈蕃字仲举，汝南平舆人也。祖河东太守。蕃年十五，尝闲处一室，而庭宇芜秽。父友同郡薛勤来候之，谓蕃曰："孺子何不洒扫以待宾客？"蕃曰："大丈夫处世，当扫除天下，安事一室乎？"勤知其有清世志，甚奇之。

————《后汉书》

薛勤不仅没怼回去，还很为此感到惊奇。

下面说说多买胭脂的故事。

南宋著名画家李唐，在山水画方面贡献巨大。古人描述山的文理、质感时，多使用一种称为"皴"的笔法技巧。皴法有许多种，分别用来表现不同山石的结构质感。而李唐，开创了一种名为大斧劈皴的皴法，阔大杂以侧锋用笔，清刚劲健，完美地表现出了山石的刚健雄浑之美。他作的《万壑松风图》，气势雄浑壮美，观画者无不感到意气振奋，爽朗奋发。他开创了南宋的新画风。

但当时流行的审美是花鸟富丽明艳之美，人们不喜欢，也不理解他的画。面对此情此景，他写了一首小诗自嘲：

云里烟村画里滩，看之容易作之难。早知不入时人眼，多买胭脂画牡丹。

早知道你们只喜欢这些，我还枉费什么劲呢，不如多多买些胭脂，轻轻松松画些牡丹就好了。

现在他有知己了，洪应明在此写下无劳多买胭脂，不必画那些红粉牡丹，你的清标傲骨，自己明白它的价值就好，不必求人垂怜。

绝代有佳人，幽居在空谷。

…………

在山泉水清，出山泉水浊。

侍婢卖珠回，牵萝补茅屋。

摘花不插发，采柏动盈掬。

天寒翠袖薄，日暮倚修竹。

有这样一位美人，独自在空谷中居住。

侍婢卖珠可见生计之贫，牵女萝补草屋可见居室之陋，但虽然境况如此，可是我不需要别人的怜惜。

摘花不戴见其朴素无华，采柏盈掬见其情操贞洁，日暮倚竹见其清高寂寞。

这位佳人的形象，是对清标傲骨，不愿人怜这句话的最好写照。

末尾提醒下要点，这样做的前提是我们的内在确实有逸态闲情、清标傲骨，不然，还是好好修饰下外表吧。

天人合一

满室清风满几月，坐中物物见天心；一溪流水一山云，行处时时观妙道。

清爽的风吹满房间，月光洒满几案，端坐家中，透过每一件物体都能看见天的心意；一条山溪流过，一山云雾缭绕，漫步路上，每时每刻都能观察体悟到精妙道理。

本则我们来讲一点玄奥的内容：天人合一。

不知大家发现没有，古人讲道理时，特别喜欢从自然之理推及人事，《菜根谭》本身就不乏这样的例子：

忽睹天际彩云，常疑好事皆虚事。

天空中彩云时聚时散，前一刻还美好动人，下一刻就消散无踪了。所以不要太执着美好的事，下一刻可能就失去了。

《道德经》中也有这种思维下的妙论：

揣而锐之，不可长保。

把金属物体捶打得又尖又锐，它就很容易折断，所以为人做事应该功成身退，不该锋芒毕露，不知退让。

读古人的议论文章，这种例子更是不胜枚举，荀子《劝学》大约是集大成者，全文几乎都以这种类比推理构成：

积土成山，风雨兴焉；积水成渊，蛟龙生焉；积善成德，而神明自得，圣心备焉。故不积跬步，无以至千里；不积小流，无以成江海。骐骥一跃，不能十步；驽马十驾，功在不舍。锲而舍之，朽木不折；锲而不舍，金石可镂。蚓无爪牙之利，筋骨之强，上食埃土，下饮黄泉，用心一也。蟹六跪而二螯，非蛇鳝之穴无可寄托者，用心躁也。

持批评态度的人对这种思维方式很不以为然，自然是自然，人是人，怎么可以等同呢？难道我可以说因为地球是圆的，所以我们做人要圆滑一点吗？我想，不认可这种思维方式的人，大约是不了解我们古人与自然的关系，这种关系，木心先生用一段诗意盎然、气韵生动的文字表述得已经很明白了：

中国的"人"和中国的"自然"，从《诗经》起，历楚汉辞赋唐宋诗词，连绵表现着平等参透的关系，乐其乐亦宣泄于自然，忧其忧亦投诉于自然。在所谓"三百篇"中，几乎都要先称植物动物之名义，才能开诚咏言；说是有内在的联系，更多的是不相干地相干着。学士们只会用"比""兴"来囫囵解释，不问问何以中国人就这样不涉卉木虫鸟之类就启不了口作不成诗，

…………

楚辞又是统体苍翠馥郁，作者似乎是巢居穴处的，穿的也自愿不是纺织品，汉赋好大喜功，把金、木、水、火边旁的字罗列殆尽，再加上禽兽鳞介的谱系，仿佛是在对"自然"说："知尔甚深。"到唐代，花溅泪鸟惊心，"人"和"自然"相看两不厌，举杯邀明月，非到蜡炬成灰不可，已岂是"拟人""移情""咏物"这些说法所能敷衍。

宋词是唐诗的"兴尽悲来"，对待"自然"的心态转入颓废，梳剔精致，吐属尖新，尽管吹气若兰，脉息终于微弱了，接下来大概有鉴于"人"与"自然"之间的绝妙好辞已被用竭，懊恼之余，便将花木禽兽幻作妖化了仙，烟魅粉灵，直接与人通款曲共枕席，恩怨悉如世情——中国的"自然"宠幸中国的"人"，中国的"人"阿谀中国的"自然"？孰先孰后？孰主孰宾？从来就分不清说不明。

人和自然在本质上是相通的，所以我们从天地自然那里学习做人做事的道理。

我们的传统文化中有一个命题叫格物致知，来自《礼记》，"格物"这个概念很重要，民国时我们把物理学就翻译为格物，它的字面意思就是探究事物之理。

关于格物，我们讲一个故事。

明代牛人王阳明年轻的时候，和一个同学约好去格竹子。什么叫格竹子？当时以朱熹思想为代表的儒学认为，人世间的真理是存在于各种事物当中的——用现在的话说，就是一沙一世界，一叶一菩提。只有先通过对事物的观察了解了这些道理后，才能获得智慧。王阳明同学想要真正实践一下，于是选定了竹子，为竹子的历史上又添一段佳话。

他们在竹林前铺了张席子，坐在上面，天天看，然后思索。三天很快过去，那位同学顶不住了，累病了。王阳明认为他诚心不够，自己又坚持了一星期，然后思索过度，伤神伤身，也病了，修养了半年多。从此他得出一个结论，格身外物，徒劳无功，真正的道理，应该是存在于人的内心，就此悟道，创立心学。

其实如果要想通过"格"，了解到竹子的生物学知识的话，那基本是不可能的。钱穆曾说过，你想要格竹子，那就第一天拿一把尺子量一量它的长度，过些天再拿尺子量一量，看看它长了多少，这就是"格物"。不好意思，那格物也太简单了点，犯得着研究那么多年吗？

我们的"格物"与科学无关，我们是要从万事万物中学到做人做事的道理，格的，是道德之理。"格物致知"的下一步即正心诚意、修身齐家，这恰恰说明"格物"与道德紧密相连。

"未出土时已有节，到凌云处尚虚心。"它身上这些特性是君子应该学习的，它挺拔，激励着人们应该像它一样正直；它有节，提醒着人们应该坚守道义，它中空外直，告诉人们应该虚怀若谷，发现了竹子的这些特点并用它来砥砺自己的品格，这才是"格"过了竹子。

孔子看过松柏，然后说："岁寒，然后知松柏之后凋也。"这便是孔子的格松柏。

对了，后来王阳明在《君子亭记》中说："竹有君子之道四焉……"看来他终于明白怎样格竹子了。

了解了这些，便会明白"物物见天心，时时观妙道"的说法是很有道理的。

一阵清风，能告诉我什么？

"堪笑兰台公子，未解庄生天籁，刚道有雌雄。一点浩然气，千里快哉风。"

只要你的心中具备了一股浩然正气，那么无论身处逆境顺境，都能感受到爽快畅意的千里长风。荡开一笔，同样的意思，我以为这句表述远胜过什么顺风不浪，逆风不怂。

一轮明月，又能寄托什么？

能寄相思。

生查子

去年元夜时，花市灯如昼。月上柳梢头，人约黄昏后。

今年元夜时，月与灯依旧。不见去年人，泪湿春衫袖。

她就站在那黄昏里，盈盈笑意满，看着心中的他寻找着自己，找过人潮如海，找过火树银花，然后，就在转头间，找到了伫立在灯火阑珊处的自己，一直在等待着他的自己，最美时刻的自己。

然而，故事又总结束在相见的一刻，只是一度花开落，再去寻时，却怅然如梦，不见了那月下人。

那伫立在月色清辉下，温暖黄昏中的如玉君子究竟去了哪里？若依常理推想，大约如其他许许多多清丽词句所勾勒出的故事一样，那也许并非负心薄幸的男子因为种种原因不能与词中女子执手偕老。也许是在他乡岁月中逐渐老去，"洛阳城里风光好，洛阳才子他乡老"，也许是在广厦华屋中任凭追悔的目光注视着自己余下的日子，"一入侯门深似海，从此萧郎是路人"。

那个月色下的君子终就还是渐行渐远，淡出了女子清冽的目光。

一溪流水，能悟出什么道理？

山下兰芽短浸溪，松间沙路净无泥，潇潇暮雨子规啼。

谁道人生无再少？门前流水尚能西！休将白发唱黄鸡。

流水有时也能向西流去，人生为什么不可以再一次重回少年呢？对生活、对未来，永远不要失去信心和勇气。

一山云，能看到什么？

行到水穷处，坐看云起时。

在生活的路上你走啊走，不曾停歇，勇往直前，可生活与你开了个过分的玩笑，你走到最后发现竟然是一条没法继续再走的路，已经山穷水尽了。

真的没有路了吗？那么暂时收起穷途末路的悲哀，看看尽头处升起的云，山中的水因雨而得，有云起就表示雨快来了，你看，水并有穷啊。而且，那云起的地方，是不是就是你出发的地方？如果是，那不就是你的初心吗？你当初决定出发前行的时候，不是什么都没有吗？看看现在的你，不是已经走了相当长的路了吗？

这就是我要告诉你的，天人合一之道。

松　绿

（经冬犹绿，如松如柏，对应概论）

君子的心事与才华

君子之心事，天青日白，不可使人不知；君子之才华，玉韫珠藏，不可使人易知。

君子的心事如同青天白日一般光明正大，应该让人知道；君子的才华像美玉放在匣中像珍珠一样严密收藏，不可轻易让人知道。

据说君子兰的花语是：君子谦谦，温和有礼。有才而不骄，得志而不傲，居于谷而不卑。

不过每种花的花语都有多种说法，这个也未必准确。但谦谦君子却为世人公认，我们从不形容一个君子说他是傲傲君子（一不小心就成嗷嗷君子了，笑）。君子应当体现出一份谦逊礼让的态度，即使在心事方面也一样，虽然心底无私，坦荡磊落，但也不要汲汲于表白。他人是否了解，顺其自然就好。

可洪氏不这样认为，他用双重否定的句式告诫我们：你的心事如果是青天白日，那么务必要让大家知晓。

原因何在？我引一句很有名的话，大家就明白其中的道理了：我不杀伯仁，伯仁却因我而死。

这个典故的主角是王导、王敦两人。前面我们讲过，石崇家有一条可怕的规矩，美人劝酒不喝的话就杀美人。可王导、王敦两人应邀去做客时，本来很能饮酒的王敦却一杯也不喝，因此而连续杀掉了三个美人，这人心肠的冷酷可见一斑，所以现在举兵作乱的也是他。

消息传到京师后，刘隗劝元帝将王氏一族满门抄斩，王导入朝请罪，恰好此时周顗（字伯仁）入宫，王导便向他求情："伯仁，以百口累卿！"我们家这一百多口的性命就全靠你是否求情了！但周顗看都没看他一下，"直入不顾"。可他见到皇帝后却"言导忠诚，申救甚至，帝纳其言"。终于说动了皇帝。不过等他出来的时候，依旧毫不理会王导（你说你没事摆什么酷）。都回到家了，怕皇帝反悔，又写了一封奏折送过去，为王导求情，当然，也是没有告诉王导的。

周顗不因为王导是王敦的弟弟便认定其有罪，而是依据平时的了解认为他是忠于国家的，为他极力辩白求情，可谓是君子之心，无私无偏，正大光明。但他却不让任何人知道，为自己埋下了悲剧的伏笔。

敦既得志，问导曰："周顗、戴若思南北之望，当登三司，无所疑也。"导不答。又曰："若不三司，便应令仆邪？"又不答。敦曰："若不尔，正当诛尔。"导又无言。

他可以任命为三司吧？至少可以做个尚书令吧？如果他不能为我们所用，那就只有杀了他吧？连续三次发问，王导都默然不作声，就这样，周顗被杀。

后来王导整理奏折时才发现周顗为自己申辩的上书，言辞殷勤恳切，王导悲痛不已，对家人说："吾虽不杀伯仁，伯仁由我而死。幽冥之中，负此良友！"

但一切，都已经晚了。

君子的心事，怎么可以不为人所知呢？

才华，有时会给身边人带来无心的伤害。

从小学到她进大学少年班，聪明的陆梅一直是我们同学心中的痛。

那些日子，她经常在黑板上演算各类难题，然后骄傲得像公主一样，把粉笔头扔成橡皮筋一样的抛物线，说一句，玩儿去了，你们发呆吧。

多年以后，在潜艇上服役的同学，给我写信时还说，我在中国的最南端，但一想到陆梅同学，我的心中还有她留下的阴影。

有一件事给了我们巨大的震动。初中快毕业时，教数学的王老师辅导我们应考，陆梅不断提出疑难问题问老师，在他一脸虚汗时，陆梅跑离座位，在黑板上写出两种以上的解答方法。这事在学校里很快就传开了，王老师不久被迫离开了学校。据说，校长很生气，说你一个老师，连学生都不如，这不是误人吗？

后来，我们陆续离开了家乡，有时回去，听说王老师在镇上做起了小买卖，很是辛苦，他的妻子一直瘫痪在床上，帮不上他的忙，小孩早早地送到县城上学去了。

——吴泊宁《歉疚》

故事的主人公陆梅后来意识到了自己给他人带来的伤害，回国后专程去探望王老师，并在从前的母校设立了奖学金，希望可以弥补过去的错误。但我不知道，这些心理上的伤害，是否真的可以被弥补、忘却。

才华，也容易招人忌恨。这点，或许才是洪氏议论的出发点。

木秀于林，风必摧之。

若序论宋代的第一文士，苏轼认了第二，肯定没人敢认第一。乌台诗案前的苏子，顺风顺水，惊才绝艳，人生的荣耀几乎都给了他。许多年后，他在一首赠给友人的词中追忆那段岁月：回首长安佳丽地，三十年前，我是风流帅。可想相见那时他的风采。但一场乌台诗案，让他从巅峰跌到谷底，几乎失去了性命。

而乌台诗案的本质又是什么呢？

为了不使读者把注意力耗费在案件的具体内容上，我们不妨先把案件的底交代出来。即便站在朝廷的立场上，这也完全是一个莫须有的可笑事件。一群大大小小的文化官僚硬说苏东坡在很多诗中流露了对政府的不满和不敬，方法是对他诗中的词句和意象作上纲上线的推断和诠释，搞了半天连神宗皇帝也不太相信，在将信将疑之间几乎不得已地判了苏东坡的罪。

——余秋雨《苏东坡突围》

诋毁訾詈他的人前仆后继，必欲置之死地而后快。苏东坡与他们有什么深仇大恨吗？当然不是。那为什么会如此？最简单明了的回答来自他的弟弟苏辙："东坡何罪？独以名太高。"

心事，坦诚相待；才华，韬光养晦。

忠言逆耳

> 耳中常闻逆耳之言，心中常有拂心之事，才是进德修行的砥石。若言言悦耳，事事快心，便把此生埋在鸩毒中矣。
>
> 耳边常听些不顺耳的话，心里常想些不如意的事，这才是增进品德、修养德行的磨刀石。反之，若每句话都悦耳顺心，每件事都称心如意，那就等于把自己的一生都埋在剧毒之中了。

你吃到一道菜觉得很美味，高兴地告诉他这道菜很好吃，他淡淡一笑：是你没吃过好东西而已。

这说明，逆耳的话未必全是忠言，不过忠言，却大多都逆耳倒是真的。趋利避害，喜顺恶逆，这是人的天性。所以逆耳的忠言常常被讨厌，不爱听，可不听的后果，往往也很严重。

公元前627年，秦穆公准备发兵袭郑，利用之前安插在郑国的内应，里应外合，夺取郑国。他问老臣蹇叔的意思，蹇叔坚决反对，提出三点依据：

"劳师以袭远，非所闻也。师劳力竭，远主备之，无乃不可乎？师之所为，郑必知之。勤而无所，必有悖心。且行千里，其谁不知？"

劳师袭远，军有悖心，行迹不藏，该犯的兵家忌讳几乎都犯了，怎么能行动呢？这是忠言，但也的确逆耳，这几乎等于说秦穆公完全不懂军事。

秦穆公不听，坚持出兵。

蹇叔哭之曰："孟子！吾见师之出而不见其入也。"

结果当然是一如蹇叔所料，秦军大败。

君主们掌握着至高的权利，生杀予夺，全在一念之间，喜顺恶逆之情也被放大了许多。韩非子说龙的喉下倒长着一片鳞，月牙状，径尺。人有撄之，则必杀人。而人主亦有逆鳞，万不可碰触。不能碰，那就只有顺了，这也是为何巧言令色的小人常常得志，而直言犯谏的君子常常受到困厄的原因。

因此那些想要游说君主的人，都会先做到言言悦耳。

著名的纵横家苏秦游说秦惠王时说："秦四塞之国，被山带渭，东有关河，西有汉中，南有巴蜀，北有代马，此天府也。以秦士民之众，兵法之教，可以吞天下，称帝而治。"

而他去游说燕文侯时说的也差不多："燕东有朝鲜、辽东，北有林胡、楼烦，西有云中、九原，南有呼沱、易水，地方二千余里，带甲数十万，车六百乘，骑六千匹，粟支数年。南有碣石、雁门之饶，北有枣栗之利，民虽不佃作而足于枣栗矣。此所谓天府者也。"

都是先赞扬一番你治下的强盛，让你心中喜悦，然后再逐渐进入中心，但你若以为他真是为你着想就错了，他们只是想谋求自己的富贵罢了。

后来苏秦又去了齐国，那时齐宣王卒，齐湣王刚即位，他"说湣王厚葬以明孝，高宫室大苑囿以明得意"，湣王这样做当然很快心，但苏秦的真实目的却是："欲破敝齐而为燕。"齐湣王在鸩毒中而不知，但旁观者清，其他人都看得明白：齐用苏秦而天下知其亡。

说来说去，还是那句老话：良药苦口利于病，忠言逆耳利于行。

七情五毒

疾风怒雨，禽鸟戚戚；霁月光风，草木欣欣，可见天地不可一日无和气，人心不可一日无喜神。

在狂风暴雨中，禽鸟都会感到哀伤忧虑；风和日丽的天气，花草树木都呈现出欣欣向荣的景象。由此可见，天地间不可一天没有和合之气，人心中不可一天没有喜庆之意。

风雨交加，这是天之悲；草木欣欣，这是天之喜。

悲为阴，喜为阳，天地有悲有喜，就是有阴气和阳气。阴气与阳气相遇叫冲，冲字本意是河流中间清浊二水混合处，那么阴阳交汇产生了什么气呢？

"冲气以为和"，产生了"和气"。正是这个"和气"衍生出了万物，所以说，天地之间不可无和气。

那么人心呢？为何说人心不可一日无喜神？

我们且看一处红楼梦的精彩段落：

湘云劝他说："还是这个性情不改。如今大了，你就不愿读书去考举人进士的，也该常常地会会这些为官做宰的人们，谈谈讲讲些仕途经济的学问，也好将来应酬世务，日后也有个朋友。没见你成年家只在我们队里搅些什么！"宝玉听湘云如此说，立即不客气地回答："姑娘请到别的姊妹屋里坐坐，我这里仔细污了你知经济学问的。"

……

宝玉接过话头，斩钉截铁地说：林姑娘从来说过这些混帐话不曾？若她也说过这些混帐话，我早和他生分了。

林黛玉听了这话，不觉又喜又惊，又悲又叹。

读到这里，资深的读者该猜到，下文要解释了。

所喜者，果然自己眼力不错，素日认他是个知己，果然是个知己。所惊者，他在人前一片私心称扬于我，其亲热厚密，竟不避嫌疑。所叹者，你既为我之知己，自然我亦可为你之知己矣；既你我为知己，则又何必有金玉之论哉；既有金玉之论，亦该你我有之，则又何必来一宝钗哉！所悲者，父母早逝，虽有铭心刻骨之言，无人为我主张。况近日每觉神思恍惚，病已渐成，医者更云气弱血亏，恐致劳怯之症。你我虽为知己，但恐自不能久待；你纵为我知己，奈我薄命何！想到此间，不禁滚下泪来。待进去相见，自觉无味，便一面拭泪，一面抽身回去了。

这样详细，这样穷尽女儿心思的心理描写，太厉害了。但我们要说的是，喜、怒、忧、思、悲、恐、惊，乃人的七情，仅仅是宝玉的一席话，就引动了其中四种情。又喜又惊，又悲又叹，那叹也就是忧。你会说引动就引动嘛，也没什么的。其实不然，按我们中医的说法，七情致病，"怒伤肝，喜伤心，悲伤肺，忧思伤脾，惊恐伤肾，百病皆生于气"。所以啊，女孩子要活泼，不要忧郁，伤了肺，皮肤就会不好，就容易显老。男生呢，就少看恐怖片了，伤肾啊。

七情中，六情皆负，可见喜的重要。

人不仅有七情，还有五毒：贪、嗔、痴、慢、疑。这五种情感在爱情中体现得最为明显，我们仍以《红楼梦》为例，大观园试才题对额这一回中，宝玉在贾政面前很出彩，贾政身边的几个小厮讨赏，把宝玉身上所佩之物都摘去了。黛玉知道后对宝玉说："我给的那个荷包也给他们了？你明儿再想要我的东西，可不能够了！"说着赌气回房，拿起正在给宝玉做的一个香袋就铰。可事实上这是一个误会：

这时宝玉脱下外衣，从里面的红袄襟上解下黛玉给他的荷包。黛玉看到宝玉对自己送的东西如此珍重，很感动，于是又愧又气，只好低头一言不发。

这就是嗔。情到深处，对方的一颦一笑，一举一动，一言一语，一个顾盼一个回眸都能牵动你的心弦，所以只要有一个本是无心但在你那里看来却是错误的举动或者本是一句很平常但在你这里看来是不该的话就会牵动你十分的气恼（这么长的句子有语法错误没？）。

宝玉的心内想的是："别人不知我的心，还有可恕，难道你就不想我的心里眼里只有你！你不能为我烦恼，反来以这话奚落堵我。可见我心里一时一刻自有你，你竟心里没我。"心里这意思，只是口里说不出来。那林黛玉心里想着："你心里自然有我，虽有'金玉相对'之说，你岂是重这邪说不重我的。我便时常提这'金玉'，你只管了然自若无闻的，方见得是待我重，而毫无此心了。如何我只一提'金玉'的事，你就着急，可知你心里时时有'金玉'，见我一提，你又怕我多心，故意着急，安心哄我。"

这就叫疑。

其他三种当然也有，但我们就先不一一展开了。

之前有七情，伤的是身，如今又有五毒，伤的是心。身心俱伤，那还好得了吗？情深不寿啊（所以说老师您这是变着法地劝我们不要早恋嘛）。

所以人心中必须要时刻保有一个喜悦之情，一个吉祥之神，这样才能对抗其余六情和五毒，才能身体康健，情绪饱满。

从今天起，多笑笑，爱笑的女孩运气总不会太差，这句是古龙说的；爱笑的男孩运气往往会比女孩更好，这句是我说的。

故都的秋

醲肥辛甘非真味，真味只是淡；神奇卓异非至人，至人只是常。

浓烈、肥美、辛辣、甘甜，这并不是真正的美味，真正的美味就是清淡；标奇立异、超凡绝俗，这并不是最高境界的人，最高境界的人只是平平常常。

前文我们说过关于平淡闲适的话题留待后文来讲，现在来了。

现在我和你说真正的美味是平平淡淡，你一定不信，所以换个人与你说。

在北平即使不出门去吧，就是在皇城人海之中，租人家一椽破屋来住着，早晨起来，泡一碗浓茶，向院子一坐，你也能看得到很高很高的碧绿的天色，听得到青天下驯鸽的飞声。从槐树叶底，朝东细数着一丝一丝漏下来的日光，或在破壁腰中，静对着像喇叭似的牵牛花（朝荣）的蓝朵，自然而然地也能够感觉到十分的秋意。

——《故都的秋》

现在的你，可能也不会觉得这段文字很好，但这真的是淡而有味，非常好的文字。

以上是郁达夫名篇《故都的秋》中的一段。他在这篇散文的开篇便说，自己从青岛赶回北平来的理由不过是想饱尝一下这故都的秋味。

初一看，这说法有些奇怪，苦、辣、酸、甜、咸为五味，但不能用于形容秋啊。你回家度过一个秋天，回学校后同学问你，过得怎么样？你说：唉，别提了，我过了个酸秋，或者我这个秋天过得这个辣啊！人家一定很奇怪。

但继续读下去，会发现，他笔下的秋的确有味道，味道就是一个字：淡。

他笔下的景物，都是那么的日常化、生活化，但我们稍加点缀，却可以成为一首小诗：

柴米油盐酱醋茶，墙角数枝牵牛花。檐下驯鸽绕梁飞，皇城脚下一人家。

为什么平凡琐屑的生活没有给作者带来无聊平淡的感觉，反而是恬淡闲适、幸福温馨？这些感觉，真的就只是来自对这些景致的表面观感吗？多半不是的。

174

我知道你们最盼望的事情是放假回家，那么回了家之后，你觉得是肯德基好吃，是饭馆里的饭菜好吃，还是妈妈做的菜好吃？

一定是家里妈妈做的菜。

可是你小时候并不这样认为，你向往外面的世界，外面的世界很精彩，你喜欢各种饮料、各种没见过的菜式，但当你走遍了世界之后，你会怀念故乡，你最爱吃的，只是妈妈做的菜。

因为你有了阅历，有了体验，最后你就有了对生活的感悟，知道什么是最珍贵的，平凡简单最珍贵。

最热爱和平的人，一定是战士，因为经历过战斗的残酷。

最明白平凡生活可贵的是谁呢，是游子。

北方家养的鸽子脚上会系着鸽哨，飞向高空时，会作响，但它们无论飞得多远，最后都会回到家中。游子听到了这样的声音，会更加思念家乡。这样的镜头在电影中经常出现，很有味道。

郁达夫就是个游子。他少年时留学日本，有很多的心酸与苦楚，在《沉沦》中可以看到，在当时这是限制级小说，后来，对比各种重口味，反倒平淡无奇了。他说不逢北国之秋已经十年了，漂泊了十年啊，他叫北平作故都，充满了眷恋。

逆旅逢新岁，飘蓬笑故吾。百年原是客，半世悔为儒。

细雨家山远，高楼雁影孤。乡思无着处，一雁下南湖。

如果能有一天坐在天高日晶的秋色之下，品茶赏秋，那是怎样的光景？如今想象成为现实，他怎么会不珍惜呢？

真味只是淡，当我们经历了异域风情的繁华、目眩神驰之后，才会觉得，那些平淡而熟悉的味道、平常而熟悉的风景，才是心底最真最难忘的。

这个道理，同样也适用于人的修养，所以说"至人只是常"，我们就不展开了。

我们曾如此渴望命运的波澜，到最后才发现：人生最曼妙的风景，竟是内心的淡定与从容。我们曾如此期盼外界的认可，到最后才知道：世界是自己的，与他人毫无关系。

——杨绛《一百岁感言》

爱恨一念间

　　恩里由来生害，故快意时须早回头；败后或反成功，故拂心处切莫放手。

　　祸害都从恩宠中来，所以得意时必须尽早回头；失败是成功之母，因此失意时千万不可放弃。

　　恩里由来生害，这又是一句透彻洞明之语。

　　我们看恩这个字，其意从心，而世间什么最易变？"长恨人心不如水，等闲平地起波澜"，当然是人心，所以恩惠也很容易就变成害处了。

　　喜欢时，便施恩，心变了，讨厌时，便加害。

　　沐浴恩泽时，要知道这恩泽随时可以因为心的反复而失去，所以要思退却之法。《罗织经》中对这点看得很透彻：

　　上所予，自可取，生死于人，安可逆乎？是以智者善窥上意，愚者固执己见，福祸相异，咸于此耳。

　　可惜许多位高权重的人却不明白，或不愿明白，导致身后的凄凉。

　　明代名臣张居正，受恩宠到了什么地步？

　　这里我们讲一点传统文化知识，根据儒家的孝道观念，朝廷官员在位期间，如若父母去世，则无论此人此时任何官何职，从得知丧事的那一天起，就必须辞官回到祖籍，为父母守制二十七个月，这叫丁忧。

　　丁者，当也，当就是正当什么时候、遭遇的意思。丁当，很好记是不是？丁当就是遭逢、遇到的意思。而忧，居丧也。所以，古代的"丁忧"就是指遭逢居丧的意思，古人把文字运用得炉火纯青。

　　丁忧期限三年，官员在此期间唯一的任务就是为父母守孝报恩。夫妻要分开睡，吃住都在父母的坟前旁边，停止一切娱乐和应酬，守孝三年期间内不得进行婚嫁庆典等喜事。

丁忧不但是孝道的体现，更是人性本善的维护。父母对我们的恩情是最重、最大的，如果我们连父母的恩情都忘了，你让他爱别人、爱社会、爱国家，那怎么可能？但如果朝廷极其迫切地需要这个官员，那怎么办？

皇帝可以降旨，不许在职官员丁忧守制，这种行为叫夺情。或有的官员守制未满，而应朝廷之召出来应职者，称起复。夺情起复，是对丁忧制度的补充，名称起得也很贴切，意味着被国家夺去了孝亲之情，被夺情者可不必去职，以素服办公，不参加吉礼。

但可不是谁都能夺情的，皇帝是有多倚重你，才会夺你的情？古往今来，屈指可数。

明代名臣张居正，便享受到了夺情的待遇。他该辞官回家守制时，皇帝下诏，让张居正在京城守满七七丧期后即入府办公。在此期间，张居正只让他的儿子回家奔丧，而自己仍然留在京城任职。

张居正居然不回家丁忧？皇帝居然夺情？朝野上下议论纷纷，大臣们纷纷向皇帝上书进行弹劾，还有的人甚至在大街上张贴告白攻击张居正，由此闹得满城风雨，酿成了一起政治风波，后来，事情越来越大，神宗不得不下令，凡是反对张居正留任的一律处死，这样一来，才使得攻击事件平息下来。

由此也可见，在明代时期的封建礼仪，父母去世的守制、夺情制度是多么的严格。张居正违背了当时的礼仪制度，遭到了众多人的反对。如果没有皇帝的支持，他的职位都很难保。

可他死后，皇帝出于集权的考虑，又或者是其他什么原因，总之，开始了轰轰烈烈的倒张居正的运动。当初恩有多重厚，今日害便有多深：张居正家产被抄没，长子畏罪自尽。最后为张居正总结的罪状是这样的：

"张居正诬蔑亲藩，侵夺王坟府第，箝制言官，蔽塞朕聪。私占废辽地亩，假以丈量，庶希骚动海内。专权乱政，罔上负恩，谋国不忠。本当斫棺戮尸，念效劳有年，姑免尽法追论。伊属张居易、张嗣修、张顺、张书都着烟瘴地面，永远充军。"

其中的功过是非，只有由后人来评价了。

至于败后反成功的故事就实在太多了，我们就不一一详细叙述了，感兴趣的同学们不妨翻看下《资治通鉴》《史记》等书。

高明的姚崇

　　面前的田地要放得宽，使人无不平之叹；身后的惠泽要流得长，使人有不匮之思。

　　面前的道路要放宽一些，不要让人有不平之感；死后留下的恩泽要长远些，让后人永远思念。

　　这一则前半句无非是说对人要宽容，没什么特别需要发挥的地方，倒是身后惠泽这半句，想到一个《明皇杂录》中的故事，很能体现怎样才算流得久长。

　　唐玄宗开元九年，丞相姚崇病重，弥留之际，问跪在床边的儿子们："你们知道我与朝中的张丞相一向不和，矛盾很深，我死之后，他如果想要加祸给你们，你们该怎么办？"

　　几个儿子说您死后我们立刻就远离京师避祸。姚崇叹息道，你们不知道想对策，却只靠躲避来应付，怎么能够保全身家呢？我想了个办法，你们听好了。张说此人生活奢侈，尤其喜欢名贵服玩（服饰器用玩好之物），我死后，他必以同僚之礼来吊祭。那时，你们将我平生所收集的珍宝都罗列出来。如果他看也不看一眼，你们就尽快逃走吧，走得越远越好。如果他留恋不去，那就有办法了。

　　什么办法呢？

　　你们拣择其中最好的送给他，并趁机请求他为我写一篇神道碑文（朝廷重臣的墓志铭）。他当时碍于情面一定会写，你们拿到他作的碑文后，立刻呈请皇上御览，同时准备好石碑，皇上将碑文赐还后，马上刻在石碑上，不得耽误。张丞相数日之后，必当后悔，向你们索要碑文，你们便给他看已经刻好的石碑，并告之碑文皇上已经过目了。

不久，姚崇病逝，张丞相果然前来吊唁，很喜欢陈列于厅前的宝物，一再赏玩，姚崇的儿子按父亲的嘱咐把宝物送给了张说，并请他撰写碑文。

几天后张说把写好的文章送了过来，文章写得很好，"时为极笔"，当时人认为这是他最好的文章手笔了，称颂姚崇说："八柱承天，高明之位列；四时成岁，亭毒之功存。"您就像撑天的八根柱子之一，应该列在高超明智的贤人行列中，虽然岁月流逝一切成为过去，但他的教化政绩功劳永存。

但没过几天，张说派使者来索要碑文，说词句没有考虑周密，想要拿回去修改。姚崇的儿子便带使者去观看已经刻制完成的石碑，并告诉他文章已经禀呈皇上了。这下好了，张说如果再要加害姚崇家人，那便是承认自己口是心非，表里不一，甚至还可以算是某种程度的欺君，于是只好放弃。但还是叹息了一句："死姚崇犹能算生张说。吾今日方知才之不及也远矣。"

姚崇的子孙后代一定无法忘怀姚崇的恩泽。

六尺巷

路径窄处，留一步与人行；滋味浓的，减三分让人嗜。此是涉世一极乐法。

在狭窄的路上行走，要留出一步让别人走；遇到美味可口的饭菜，要留出点让别人分享。这是处世获得最大快乐的一个好方法。

桐城六尺巷，至今犹存，天下闻名。

据史料记载：张文瑞公居宅旁有隙地，与吴氏邻，吴氏越用之。家人驰书于都，公批书于后寄归。家人得书，遂撤让三尺，故六尺巷遂以为名焉。

清康熙年间，文华殿大学士兼礼部尚书的张英，其老家桐城的住宅与吴家为邻，两家院落之间有条窄巷。后来吴家建新房时想占掉这条路，张家不同意，双方争执不下。可见土地纠纷，古已有之。

但张家人并不怕，俺们上边有人！写了封信给张英，请他出面解决。张英看后批了几句话又寄了回去，这几句批语极有水平：千里来书只为墙，让他三尺又何妨？万里长城今犹在，不见当年秦始皇。

秦始皇修建了万里长城，长城如山月般常在，但他早已死去了。争多少的财富，占多少的繁华，最终不也带不走吗？古今多少事，尽付渔樵闲话中，何必争那三尺之地？

家人阅罢，体会到张英用意，主动让出三尺空地。吴家见状，自感惭愧，也让出三尺地，"六尺巷"由此而来。

顾荣在洛阳，尝应人请，觉行炙人有欲炙之色，因辍己施焉，同坐嗤之。荣曰："岂有终日执之，而不知其味者乎？"后遭乱渡江，每经危急，常有一人左右己，问其所以，乃受炙人也。

——《世说新语·德行》

炙是个会意字，上边是古代的肉字，下边为火，合起来表示火上烤肉。有个成语叫脍炙人口，脍的本意是切得很薄的肉，这个成语的本意就是烤肉人人都爱吃，其实古人也以吃货居多啊。

行炙人就是端盘子送烤肉的人，有欲炙之色，流露出想要吃烤肉的神色，仆人地位低下，大约从来没有尝过。于是顾荣就把自己的那份给他了。同坐者嘲笑他，他回答说怎么会有终日端着烤肉送来送去，却不知道味道这种道理呢？

后来"永嘉之乱"时，总有一个人在他身边帮助他，一问，正是当初接受他烤肉的那个人。

一饭之恩，终不忘记。

断舍离

作人无甚高远的事业，摆脱得俗情便入名流；为学无甚增益的工夫，减除得物累便臻圣境。

做人其实并不一定要追求什么高深远大的事业，能够摆脱世俗的情态，就可以进入名流之列；做学问也没有什么突飞猛进的秘诀，排除了外物的拖累，就可以达到超凡入圣的境界。

做人真这么容易，摆脱俗气就成为名流了吗？这个，先看一下古人对脱俗的态度：

宁可食无肉，不可居无竹；无肉令人瘦，无竹令人俗；人瘦尚可肥，士俗不可医。

——苏东坡

老师都这么说了，门下学士当然点赞：

子弟诸病皆可医，惟俗不可医。

——黄庭坚

可见他们还是很看重脱俗的，脱俗难不难呢？这个，要先知道俗大约有哪些内容。

有一个人，《纽约时报》在他逝世时用了大量篇幅介绍他的贡献，并评价说："他向西方人士解释他的同胞和国家的风俗、向往、恐惧和思想的成就，没有人能比得上。"他就是林语堂，相信这样的人总结出的十大俗气，还是很可一观的。

一、腰有十文钱必振衣作响

十文钱当然算不得富有，可振衣作响是想让人知道，难道是知道自己的不富有吗？当然不是。至少在他眼中，十文钱已然是小富了，以后能不能大富先不管，此刻却必须让人知道，这大约可以概括为虚荣吧。

二、每与人言必谈及贵戚

趋炎附势之心。

三、遇美人急索登床

这条由"刻毒"的鲁迅先生来评论吧："一见短袖子，立刻想到白胳膊，立刻想到全裸体，立刻想到生殖器，立刻想到性交，立刻想到杂交，立刻想到私生子。中国人的想象唯独在这一层能够如此跃进。"

四、见到问路之人必作傲睨之态

往大了说，傲慢可是七宗罪之一。

五、与朋友相聚便喋喋高吟其酸腐诗文

自我感觉良好。

六、头已花白却喜唱艳曲

呃，讲段子的确不是个好行为。

七、施人一小惠便广布于众

虚荣依旧。

八、与人交谈便借刁言以逞才

不积口德，卖弄小聪明。

九、借人之债时其脸如丐而被人索偿时则其态如王

前倨后恭，自私自利。

十、见人常多蜜语而背地必揭人短处

口蜜腹剑，表里不一。

自我衡量一下，这十条大约很难一条不中吧？如果十条皆无，就算不是名流，也不远矣。

有一本书大约在 2014 年的时候开始在中国流行，这本书的名字我以为是对减除物累这句话的最好注解——《断舍离》。

它的作者山下英子出生在京都，毕业于日本早稻田大学文学系。这本书虽然是写如何整理物品的，但与众不同的是，作者把从瑜伽、佛教中习得的理念与自己整理物品的研究结合起来，提出了独特的理念：人生的种种苦恼，混杂在对物品的执着中。

断，断绝不需要的东西。舍，舍去多余的废物。离，脱离对物品的执着。

断舍离的主角并不是物品，而是自己，而且时间轴永远是现在。

从加法生活转向减法生活很重要，并不是心灵改变了行动，而是行动带来了心灵的变化。可以说，断舍离就是一种动禅。

通过不断地筛选物品的训练，当下的自我就会越来越鲜明地呈现在自己的眼前，人也就能以此判断出准确的自我形象。

——《断舍离》

以上四句话，是我从书中所做的筛选，连起来，就是对"减除得物累便臻圣境"这句话的解释。

摆脱俗情，减却物累，认识到自己的本来面目，这便是学问的终点。

认识你自己。

——阿波罗神庙箴言

郑伯与袁盎

处世让一步为高，退步即进步的张本；待人宽一分是福，利人实利己的根基。

为人处事让别人一步，这样才算是高明，退让一步正是为日后进步所做的准备；待人接物宽厚一点是福气，有利他人正是为利己打下基础。

吃亏是福？那我祝你福如东海！

我虽然不太喜欢这句话咄咄逼人的语气，但却承认它的道理。如果仅仅只是单纯的退让、吃亏、忍辱，怎么会是福气呢？所以洪氏说得好，退一步是为了之后的进步做准备，这样的"亏"，吃得才是福。

春秋时期（等等，老师，为什么又是春秋时期的故事？您能讲点其他朝代吗？不能，因为那段我熟），郑庄公和弟弟共叔段之间上演过一场争斗。在这场争夺中，他们的母亲姜氏帮助的是弟弟共叔段，就像童话中那样，获得幸福的永远是小儿子／小女儿，不过现实不是童话。

姜氏讨厌庄公的理由是：庄公寤生，惊姜氏，故名曰寤生，遂恶之。寤生就是难产，也有说是胎儿的脚先生出来，不管哪一种，都吓到了姜氏。

这场争夺中，庄公一直在以退为进。当有人说共叔段拥有的都城超过了先祖法制规定，应该早做处理时，他回答说：多行不义，必自毙，子姑待之。当共叔段使原来属于郑国的西边、北边的边邑也归为自己时，他说不用管他，他自己要糟糕的。当他再次扩大自己的势力范围时，庄公的大臣说可以行动了，土地扩大，他将得到百姓的拥护。可庄公还是说："不义不暱，厚将崩。"他对君主不义，对兄长不亲，即使土地扩大，也会分崩离析的。

庄公真的没有任何准备吗？当共叔段修整盔甲武器，准备兵车战马，真要发起偷袭时，史书中这样写道：公闻其期，曰："可矣！"

他怎么会知道对方进攻的日期？肯定是之前安插了内应间谍，随时掌握着情报。这一句可以了也透露出他对时机的等待与把握。

之后的事就很自然了，共叔段兵败，逃走了。整个过程中，庄公的退让，也许是想给共叔段一个悔过的机会，也许是故意使共叔段放松警惕，都是为了进步的张本。你看他平乱之干脆，就知道一定准备得很充分。

值得一说的是，共叔段叛乱时，他的母亲准备打开城门为内应，事情失败后，庄公对母亲说："不及黄泉，无相见也。"可后来他又后悔了，毕竟血浓于水，在有心人颍考叔的引导帮助下，挖了一条地道，在地道中母子相见，关系和好如初。这也是一种宽容退让吧。

待人宽厚一点，利人利己，这回不说春秋故事了，说个汉代的。

西汉名臣袁盎的一生中，有一件温暖的小事：一念之下的成人之美换来了多年后的绝处逢生。

他在吴国做国相时，一个属下与他的一个侍女偷偷好上了，两人互通款曲，袁盎知道后装作不知道。后来这个属下害怕逃跑，袁盎亲自追上，把侍女赐给了他，依旧让他做从史。

若干年后，吴王刘濞反意明显，"七国之乱"一触即发。而袁盎则化身阿汤哥，要去完成一个不可能完成的任务：以太常的身份代表朝廷出使吴国，说服刘濞不要造反。

结果可以想见，袁盎劝不了刘濞，刘濞也拉拢不了袁盎，于是派兵把袁盎的住处围住，准备第二天杀了他。但现实中有时候也是无巧不成书，包围袁盎的将领恰巧就是当年与袁盎婢女私通的那个从史，现在来报恩了。他买酒灌醉守卫的士兵，带着袁盎逃出城外，袁盎死里逃生。

其中有个细节说明袁盎是值得被拯救的：

盎乃惊谢曰："公幸有亲，吾不足以累公。"司马曰："君弟去，臣亦且亡，辟吾亲，君何患？"

在这样的时候，还替对方着想，我不能连累你和你的家人，还好这个人也思虑周到，我自己也要跑的，也会把家人藏起来。惊魂未定的袁盎连夜赶路，终于成功脱险。

昔日的一分宽厚，今日的活命之恩。

开花的佛桌

盖世的功劳，当不得一个矜字；弥天的罪过，当不得一个悔字。

即使有世间最伟大的功绩，也承受不了一个骄矜的"矜"字，骄矜了就会前功尽弃；即使犯了滔天大罪，只要能真诚忏悔，痛改前非，就能赎回以前的罪过。

矜在这里的意思是自我夸耀，妄自尊大。

这次我们讲一个姓氏较为罕见的人物来说明这一点，他的名字叫年羹尧。

据《暝庵杂识》记载：年羹尧小时候，父亲带他到山寺游玩，遇见了一位道士。自古道士和尚都有特别的能力，这个道士也不例外，他给年羹尧看了看相，然后说："奇贵，可惜后福不好。"年羹尧的父亲很惊讶，忙问有没有术数可解。道士回答："术数有什么用！舍得的话，让他跟我学习三年，改变性格，或许还有一点希望。"父亲答应了，年羹尧便被道士带走了。可惜未到三年，年羹尧母亲十分思念儿子，就借病将他接了回家，他的性格，终究没有改变。而性格，某种程度上，决定了命运。

先说他的功劳：年羹尧在康熙朝便为平定西藏立下了功劳，康熙皇帝任命他为川陕总督，亲赐弓矢等物。在康熙末年，皇位争夺激烈而残酷，号称九子夺嫡，成为如今宫斗穿越戏的最爱素材。远见卓识的年羹尧认定未来的皇帝将是四皇子胤禛，所以他全力支持胤禛，作为一名手掌重兵、镇守边疆的实权派，他的支持起到了十分重要的作用，有拥立之功。而在雍正登基后，他又驰骋疆场，平定青海叛乱，战功赫赫。当他班师回朝时，雍正亲自相迎，擢升为抚远大将军，加封为太保、一等公。真正的一人之下，万人之上。这时候，按照老子的哲学，功成身退，不要让皇帝有功高震主的疑虑，或许可以安享晚年。但年羹尧却居功自矜。

接下来我们说说他的狂傲跋扈：

> 年羹尧才气凌厉，恃上眷遇，师出屡有功，骄纵。行文诸督抚，书官斥姓名。请发侍卫从军，使为前后导引，执鞭坠镫。入觐，令总督李维钧、巡抚范时捷跪道送迎。至京师，行绝驰道。王大臣郊迎，不为礼。在边，蒙古诸王公见必跪，额驸阿宝入谒亦如之。
>
> ——《清史稿·年羹尧列传》

这还只是正史上的记录，若看野史，更加难以想象。年羹尧为六岁幼子请了一位老师，又配有八个书童服侍老师，其中一个童子负责头顶银盆，供老师洗漱，老师觉得这有些过了，便令童子不必如此：

> 沈生平所未经者，意甚不安，谕之曰："其以盥盆置架上，恐沾尔等衣也。"童曰："某等受大将军命，曰：'事师如事予。'大将军盥沐皆如是也，敢不勉效执事，以速重愆。"沈曰："我所命，与尔无碍。"童不敢违，以梓楠雕架承之。沈正沐，大将军至，见童不顶盆，怒目视之，向随带护卫一颠首，护卫喻意，带指童出。未几，献首阶前曰："某童不敬先生，已斩之矣。"沈大惊骇。
>
> ——《栖霞阁野乘·年大将军延师》

这样张狂，你让皇帝如何不疑你？

恰好二月庚午，日月合璧，五星连珠，年羹尧疏贺，其中有"夕惕朝乾"一语。这句话典出《易经》，本来应为朝乾夕惕，意思是说白天光明正大，晚上小心谨慎、反省自己。形容一天到晚勤奋谨慎，没有一点疏忽懈怠。但写成夕惕朝乾，自然是次序写错了，不知道年羹尧是有意为之，还是一时笔误，但皇帝却十分恼怒：

> 上怒，责羹尧有意倒置，谕曰："羹尧不以朝乾夕惕许朕，则羹尧青海之功，亦在朕许不许之间而未定也。"会期恒至，入见，上以奏对悖谬，夺官。
>
> ——《清史稿·年羹尧列传》

以此为导火索，先夺去了年羹尧的官职，最后，列了他几十条罪状，杀了他。

古人一再强调："自伐无功"，有了功劳，不要居功自傲，轻则让人厌恶，重则危及身家性命。

人谁无过，过而能改，善莫大焉。

——《左传·宣公二年》

庙门前的春草里跪着一个人："师父，请原谅我。"

他是这里最风流的浪子，但二十年前，他却曾是庙里的小沙弥，极得方丈宠爱，方丈将毕生所学都教给他，希望他能继承自己的衣钵。但他却在一夜之间动了凡心，偷偷下山，从此声色犬马，花街柳巷，只管放浪形骸，纵情享受。

繁华过后是虚无，二十年后的一个深夜，他陡然惊醒，忽然深自忏悔，赶往寺里。

"师父，您肯饶恕我，再收我做弟子吗？"

"不，你罪孽深重，必堕阿鼻地狱，要想佛祖饶恕，除非——"方丈一指供桌，"佛桌上也能开出花来。"

他痛苦地离开了。

次日天明，方丈踏进佛堂时，惊呆了：一夜之间，佛桌上开满了大簇大簇的花朵，每一朵都芳香逼人，佛堂里一丝风也没有，那些盛开的花朵却簌簌急摇，仿佛焦灼的召唤。方丈瞬间大彻大悟，急忙下山寻找，却已经来不及了，不知道他去了哪里。

而佛桌上开出的花朵，只开放了短短的一天。

是夜，方丈圆寂，心中悲喜交欣。

这个故事我忘记了出处，但它蕴含的道理却让人无法忘怀。

孽海茫茫，回头是岸；放下屠刀，立地成佛。这世上，没有什么歧路不可以回头，没有什么罪过不可以救赎，一颗真正悔改的心，就是世间的奇迹。

乾坤大挪移

事事要留个有余不尽的意思，便造物不能忌我，鬼神不能损我。若业必求满，功必求盈者，不生内变，必招外忧。

做任何事都要留有余地，这样一来，即使造物主也不能嫉妒我，鬼神也不能损害我。如果事业必求尽善尽美，功德必求完美造极，即使不发生内乱，也必然会招致外来的忧患。

老者：今天，我们来讲一个故事。

少年：人人都喜欢听故事，柏拉图甚至说，谁会讲故事，谁就拥有整个世界。

老者：你是个好学的人，但未必是个好听众。

少年：为什么？

老者：因为好的听众通常只是默默倾听。

少年：哦，对不起，请您开始吧。

老者：今天我们讲的是一个武侠故事。

少年：太好了，我的心中一直都有一个武侠梦。

老者：岂止是你，每个人心中都有一个。今天我们讲的这个侠客，名叫张无忌。

少年：好独特的名字。

老者：也不算十分特别，历史上有人叫魏无忌、何无忌、长孙无忌，只可惜这三个人下场都不太好。

少年：那我们的张无忌呢？

老者：他不一样，虽然名为无忌，但为人却处处谦让，宽容仁厚，行事处处留有余地，所以他结局很好。

少年：那我就可以放心听故事了，我不喜欢不好的结局。

老者：真是个孩子啊。话说张无忌这个人，不喜欢与人争。

少年：张无忌，他不想当武林盟主吗？

老者：不想。

少年：他不想做天下第一吗？

老者：不想。

少年：他不想学绝世武功吗？

老者：还是不想。他能学到绝世武功，纯属机缘巧合。

少年：这是怎么回事？

老者：他为了追一个人，来到一间绝密的石室中，便是在那里，发现了明教的至高武功心法"乾坤大挪移"。可他起初也并不想练。他说明教的历任教主，个个才智卓绝，他们都练不成，自己在朝夕之间，又怎么能练得成？可陪着他一起进来的小姑娘小昭却唱起了一支曲子，那曲子的词是：

到头这一身，难逃那一日。受用了一朝，一朝便宜。百岁光阴，七十者稀。急急流年，滔滔逝水。

然后小昭劝他道："受用一朝，一朝便宜。便练一朝，也是好的。"他便练了起来。

少年：这人可真是达观随缘啊。

老者：不错，这门武学非同小可，上写第一层心法，悟性高者七年可成，次者十四年可成。明教最厉害的教主穷尽数十年心血，最高也只练到第三四层而已。张无忌仅仅只练了半日……

少年："唉！"

老者："就练到了第七层。"

少年：啊？！

老者：这个中关键缘由，我们暂且也先不表。

少年：切！

老者：那第七层，他共有一十九句未能融会贯通，如果换作是你，你当如何?

少年:那还用问,怎可在此功败垂成?我已定要竭尽全力突破难关,练到圆满方可。

老者:这正是世人的想法,不懂事事要留个有余不尽之意。那小昭也如此问他:"张公子,你说有一十九句句子尚未练成,何不休息一会儿,养足精神,把它都练成了?"

少年:张无忌怎么回答?

老者:他说:"我今日练成乾坤大挪移第七层心法,虽有一十九句跳过,未免略有缺陷,但正如你曲中所说:'日盈昃,月满亏蚀。天地尚无完体。'我何可人心不足,贪多务得?想我有何福泽功德,该受这明教的神功心法?能留下一十九句练之不成,那才是道理啊。"

少年:这点我可不佩服他了,他该练下去的,所谓精诚所至,金石为开。

老者:嘿嘿。

少年:嘿嘿是几个意思?

老者:嘿嘿就是嘿嘿,不是嘻嘻也不是哈哈。

少年:好吧,我诚心请教。

老者:他若执意练下去,后果不堪设想,原来啊:

哪知道张无忌事事不为已甚,适可而止,正应了"知足不辱"这一句话。

原来当年创制乾坤大挪移心法的那位高人,内力虽强,却也未到相当于九阳神功的地步,只能练到第六层而止。他所写的第七层心法,自己已无法修练,只不过是凭着聪明智慧,纵其想象,力求变化而已。张无忌所练不通的那一十九句,正是那位高人单凭空想而想错了的,似是而非,已然误入歧途。要是张无忌存着求全之心,非练到尽善尽美不肯罢手,那么到最后关头便会走火入魔,不是疯癫痴呆,便致全身瘫痪,甚至自绝经脉而亡。

少年:……

老者:造化之心,人力岂可测?但知知止知足,业不求必满,功不求必盈,便造物不能捉弄,神鬼不能损害了啊。

少年：这话很深奥，我现在一时还不能理解。

老者：你阅事多了以后，自会体会到其中道理。

少年：那他学会乾坤大挪移之后的故事呢？

老者：你很期待？

少年：还用说！

老者：之后他决战光明顶，力挫六大派，出任明教教主。于绿柳山庄邂逅大元第一美人邵敏郡主，两人相爱相杀，情路荡气回肠。万安寺解救天下英雄，灵蛇岛大战波斯总教十二宝树王，唉，真是岂一个精彩了得！

少年：太棒了！

老者：不过这些，今天我们都不讲。

少年：不带这样的吧！

老者：毕竟这些，与主题无关。

少年：这个，是作者的安排？

老者：不错，所谓冤有头，债有主，孩子你要恨的人可不该是我啊。

少年：嗯，我懂了。

老者：但你最该懂的是什么呢？

少年：天有孤虚，地阙东南，天地尚且无完体，人事岂可强求？

老者：孺子可教也！

适度才好

攻人之恶毋太严，要思其堪受；教人以善毋过高，当使其可从。

责备别人的过错不要太过严厉，要考虑到对方是否能承受；教诲别人从善不要要求过高，要顾及对方是否能做到。

畅销书《人性的弱点》作者卡耐基讲过这样一个故事。

著名经理人查理夏布在一天中午偶然走进他负责的工厂，发现几个工人正在车间抽烟，而他们身后的墙上，很明显地挂着 No Smoking 的牌子。这当然是工人们的错，查理可以批评他们，可查理并没有走过去大喝一声：你们是不是不识字？

他走到那些工人身边，闲聊了几句，然后分给每个人一支雪茄烟，接下来故意抬头看看身后禁止吸烟的牌子，便喊大家一起到外边去吸。

每个人都明白他的意思，也非常感谢他的方式，此后他们再也不在车间内吸烟了。

这就叫攻人之恶毋太严。其中的道理也并不隐晦，每个人都有自尊心，每个人的自尊心都需要被尊重，尽管他做错了事，但自尊心可并不会因此而改变。如果批评疾言厉色，甚至损害到人格，就会激起人的逆反心理和仇视心理。明知自己做错了，可出于一种报复式的快意，不仅不会悔改，反而非要这样做给你看。

事君数，斯辱矣，朋友数，斯疏矣。

——《论语》

事君也好，交友也好，见到对方有过错，当然应该出言劝阻，可劝谏催促如果过于频繁，反而会引起对方的反感，或因此受到侮辱，或因此而疏远。

太宗曾罢朝，怒曰："会杀此田舍汉！"文德后问："谁触忤陛下？"帝曰：

"岂过魏徵，每廷争辱我，使我常不自得。"

魏徵以善于劝谏闻名，唐太宗在他死后也很怀念他，但不代表没动过杀心，而我也并不以为唐太宗心狠。皇帝就没自尊心吗？皇帝的自尊心难道不是更应该维护吗？你注意太宗的用词，每廷争辱我，每次上朝廷议，都要指责太宗，这的确有点过了，难免有故意求名之嫌。

劝人向善自然是很好的，但同样也不能要求太高。

墨家的主张是什么？大家大约都能想到兼爱、非攻两个著名概念。兼爱的意思就是要求大家彼此之间互相关爱，爱别人的父母如同爱自己的父母一样，爱别人如同爱自己一样，如果做到这样，又怎么会有战争与纷乱？

这想法很好啊，为什么无法推行开来？

陆澄曾就墨家的理想问过王阳明：程子说仁者以天地万物为一体，为什么墨家提倡兼爱，反而被认为是不仁呢？

王阳明做了一个比喻来回答：

譬之木，其始抽芽，便是木之生意发端处。抽芽然后发干，发干然后生枝生叶，然后是生生不息。若无芽，何以有干有枝叶？能抽芽，必是下面有个根在。有根方生，无根便死，无根何从抽芽？父子兄弟之爱，便是人心生意发端处，如木之抽芽。自此而仁民，而爱物，便是发干生枝生叶。墨氏兼爱无差等，将自家父子兄弟与途人一般看，便自没了发端处。

——《传习录》

其实通俗一点看，不过是教人之善太高而已，你一下子要求我关爱别人如同关爱自己一样，是不符合人的本性的，我怎么做得到？

历史选择了儒家，不是没有道理的。

青春期的少男少女们，自尊心尤为强，那么这一则，也就分外重要了。

最后一片叶子

粪虫至秽变为蝉，而饮露于秋风；腐草无光化为萤，而耀采于夏月。故知洁常自污出，明每从暗生也。

粪土里的虫子最肮脏，可一旦蜕变为蝉，就在秋天的凉风中吸饮露水；腐败的野草本不发光，可一旦孕育出萤火虫，就在夏天的月夜里闪耀光彩。由此而知，高洁的事物常常从污秽中产生，明亮也每每生于黑暗。

古人有一些认知，并不科学，但却很有诗意。

比如他们认为蝉并不吃其他东西，只餐风饮露，喝点露水，喝点西北风便饱了。因为蝉高洁，所以饮食的东西也不沾红尘烟火，这才相匹配。但现在我们知道，蝉是靠吸食树木的汁液来存活的。

还有杨花化萍，水中的浮萍是地上柳树的柳絮变化而成。苏轼有词道：恨西园，落红难缀。晓来雨过，遗踪何在？一池萍碎。他说，飞絮落入水中，经过一晚即成为浮萍。并且说验之信然，他亲自验证过，的确是这样。我想，古人对浮萍的定义大约比较宽泛，漂浮在水上的点点青绿，大约都算作了浮萍，所以说杨花化浮萍，也算合理。但在现代植物分类学中，这两者完全是不同的东西。

腐草为萤也是很浪漫的说法。《礼记月令》中载：季夏之月，腐草为萤。萤火，在古代也有着其他美丽的别名：耀夜、宵烛、景天、丹良（崔豹《古今注》）。

蔓蔓野草在暑热中死去，点点荧光从腐叶中飞出，宛如涅槃重生，但重生后的生命，大约也不过几十天，可能够换来这辉耀夜晚的片刻，生命已经值得。它叫耀夜，因为这以沉寂蛰伏生命为代价的光辉，可以与夏夜中皎洁的月色相媲美。明知所有的渴望与期冀都要付出代价，但我依然甘之如饴。

污秽中可以孕育出高洁，黑暗中可以诞生出光明，美丽的莲花就生于污泥之中，平凡而普通的人身上也许就藏着人性的坚忍与美丽。

在小说界有一个术语：欧·亨利式结尾。意指那些既在情理之中，却又在意料之外的小说反转式结尾。以欧·亨利的名字命名，也说明了他短篇小说的艺术特色。

在华盛顿广场西面的一个小区里，街道仿佛发了狂似的，分成了许多叫作"巷子"的小胡同。这些"巷子"形成许多奇特的角度和曲线。一条街本身往往交叉一两回。有一次，一个艺术家发现这条街有它可贵之处。如果一个商人去收颜料、纸张和画布的账款，在这条街上转弯抹角、大兜圈子的时候，突然碰上一文钱也没收到，空手而回的他自己，那才有意思呢！

读了开篇的这一段环境描写，你就知道，作者所取材要描写的人物，便是那些社会中的"底层人"。

苏艾、琼珊这一对小说的主人公兼好朋友也在这里租了一间画室，然而不幸的是，琼珊感染了肺炎，并且状况很不好，她一直希望有一天能够去画那不勒斯的海湾。

"依我看，她的病只有一成希望。"他说，一面把体温表里的水银甩下去。"那一成希望在于她自己要不要活下去。人们不想活，情愿照顾殡仪馆的生意，这种精神状态使医药一筹莫展。你的这位小姐满肚子以为自己不会好了。她有什么心事吗？"

已处于半绝望状态中的琼珊将自己的生命与窗外的一株老极了的常春藤联系起来，她认为等上面的最后一片叶子落下，自己也就该走了。

"叶子，常春藤上的叶子。等最后一片掉落下来，我也得去了。三天前我就知道了。难道大夫没有告诉你吗？"

无论苏艾怎样劝她，也没办法改变她这固执地念头。

叶子一片片凋落，很快，就仅剩最后一片了。

那天苏艾让琼珊睡一会儿，自己则去叫老贝尔曼上来做人像的模特。六十多岁的老贝尔曼住在楼房底层，火气十足，喜爱绘画却没有这方面的才能（这真是一个令人十分伤感的矛盾），画了四十多年一事无成。但他总对人说，自己会画出一幅杰作的。

苏艾在画的过程中，将琼珊的想法念头告诉给了贝尔曼，贝尔曼听了非常不屑：

"什么话！"他嚷道，"难道世界上竟有这种傻子，因为可恶的藤叶落掉而想死？我活了一辈子也没有听到过这种怪事。不，我没有心思替你当那无聊的隐士模特。你怎么能让她脑袋里有这种傻念头呢？唉，可怜的小琼珊小姐。"

抱怨过后，仍不忘表述下自己的理想：

"总有一天，我要画一幅杰作，那么我们都可以离开这里啦。天哪！是啊。"

那天晚上，突然下起了雨，寒雨夹杂着雪花下个不停。

次日，琼珊让苏艾拉开窗帘，她想知道决定自己命运的那最后一片叶子落了没有。经历了这样的风雨，它没有理由不落的。

但叶子没有落。

可是，看那！经过了漫漫长夜的风吹雨打，仍旧有一片常春藤的叶子贴在墙上。它是藤上最后的一片了。靠近叶柄的颜色还是深绿的，但那锯齿形的边缘已染上了枯败的黄色，它傲然挂在离地面二十来英尺的一根藤枝上面。

这个夜晚依旧风雨交加。

但藤叶仍在。

琼珊不想死了，她对苏艾说：

"我真是一个坏姑娘，苏艾，"琼珊说，"冥冥中有什么使那最后的一片叶子不掉下来，启示了我过去是多么邪恶。不想活下去是个罪恶。现在请你拿些汤来，再弄一点掺葡萄酒的牛奶，再——等一下；先拿一面小镜子给我，用枕头替我垫垫高，我想坐起来看你煮东西。"

一小时后，她说：

"苏艾，我希望有朝一日能去那不勒斯海湾写生。"

那片叶子为什么不会掉落？

老贝尔曼先生因为受到风寒感染了肺炎死去了，他只病了两天就走了。在那个凄风苦雨的夜晚，他提着一盏灯，带上几支画笔和一块调色板，来到那面爬着常春藤的墙面下，爬上了梯子。

墙面上那最后一片藤叶，为什么无论风刮得多么厉害，它都不会摇动一下？

是的，因为它是一片老贝尔曼先生画上去的叶子——他的最高杰作。

这样一幅并不存在于世间的，只存在于文学作品中，只存在于欧·亨利笔下的"名画"，却是世上最珍贵的画作。与它相比，凡·高价值上亿的向日葵也黯然失色，这样的线条，即使是最精于素描的达·芬奇也画不出，这片叶子的绿色，即使最长于捕捉色彩的莫奈也调不出。

它以人性中的温情为色彩，画出了生命的希望。

如果有一天，琼珊真的到了那不勒斯海湾去写生，我想，她笔下那蔚蓝的海湾中，一定会有一抹别样的绿色。

初心与末路

事穷势蹙之人，当原其初心；功成行满之士，要观其末路。

对于那些事业失败、心灰意懒的人，应当体察其当初的本心也是为了把事做好；对于那些功成名就、行为圆满的人，要看他在此后的道路上能否保持晚节。

如何观人论事？如何对他人的成败做出客观公正的评价呢？

千年前，孔子就提出过一个标准：

子曰：视其所以，观其所由，察其所安，人焉廋哉？人焉廋哉？

要了解一个人应看他言行的动机，观察他为达到目的所采用的方式方法，了解他的心情。三者之中，夫子把动机放在首位，可见其重要程度。动机，确实可以从更深的程度折射出一个人、一件事的本质部分，避免了成王败寇这样功利的评价方式。

这次讲一个电影人的故事吧。

艾德·伍德，他是好莱坞默片时代的一位知名烂片导演，没错，他出品的片子，一定是烂片。

《忽男忽女》《原子能新娘》《外星第九号计划》……就仅凭这名字，你觉得片子会正常吗？其中《外星第九号计划》是导演本人的满意之作，于是顺理成章地成了影史上的烂片至尊，雄霸 IMDB "得分最低影片" 称号近半个世纪。

在这部影片中，你会看到：塑料餐盘做成的飞碟摇摇晃晃冲向 "地球"，如果你仔细看，还能看到连在上面闪闪发亮的钓鱼线；宇宙飞船内部的驾驶舱应该是由两把折叠椅和一张浴室的塑料帘子组成；演员有在摔跤场碰到的大块头摔跤手，也有患色盲的业余摄影师，大家初登大荧幕，以后很可能不会再有这样的机会了，于是都很开心地用力表演着……一些看过本片的人用你能坚持几分钟才离场来形容它的糟糕。

拍完这部电影后，艾德·伍德在好莱坞混不下去了，后来，他因心脏病发，死在了一个接济他的演员的公寓中，终年五十四岁。

他的一生很搞笑热闹：到处跑着找投资人，跪地苦求那些著名演员加入自己的剧组，在电影院里被愤怒的观众用烂番茄打得抱头鼠窜……

可笑容背后，不知为何又会感到一丝凄凉。

他为什么一部一部地拍下去？因为喜爱，他很喜爱电影。

上帝给了他方向，却忘了给他前行的才华，可他无所谓，依然自得其乐地走下去，单纯，傻得可爱。

他拿着厚厚的剧本到处劝说别人投资，总是被拒绝却一点也不在乎。

演员拍戏时，他近乎神圣地望着他们，甚至他们的台词他都可以熟练地跟着一一默念。

每拍完一个镜头、喊完一次"卡"之后都会兴奋地说一句："Perfect！"

虽然被骂得狼狈不堪，却仍然神采奕奕地坐在影院里欣赏自己的作品，他一个人在空荡荡的影院中为自己所感动，他随着影片无比慷慨激昂地念着台词。

我突然希望这一刻，世界为他安静下来，就这么一刻就好。

他死后两年，有影评人在一本书中送了"史上最烂导演"的称号给他，说真的，这一称号他受之无愧，影评人不过实话实说而已。

但意外地，这个"头衔"开始为他慢慢赢得一批粉丝。

人们开始被他如此执着地热爱电影而感动，赞赏并不局限于平民、学生，也包括圈内人——大卫·林奇、蒂姆·波顿，这些可都是大师级别的导演。他们都曾在自己的电影里向他致敬。

1994年，蒂姆·波顿为他拍摄了传记电影《艾德·伍德》，这部长达两个多小时的黑白片，票房一败涂地，口碑一往无前。

或许在每一个人的心中，都藏着一个不被这个世界包容或者无法实现的梦想。

我们评论艾德，一定不要忘了他的初心，他虽从来没有被世界认可过，但由始至终也没有放弃过自己对电影的热爱。

他一生都在证明：拍多少烂片不重要，重要的是自己是一个真正热爱电影的人。

解说后半句我们由今入古，以几乎成为千古一相的李斯的故事作为印证，不过艾德·伍德先生占去了许多笔墨，到李斯先生这里，就只好"厚今薄古"一下了。

"处卑贱之位而计不为者，此禽鹿视肉，人面而能强行者耳。故诟莫大于卑贱，而悲莫甚于穷困。"

——《史记·李斯列传》

青年李斯毫不掩饰自己对功名利禄的追求，说完这番话，辞别老师，西行入秦，游说秦王成功。在一步步帮助嬴政打造大秦帝国统一天下的同时，自己也一步步走向权力顶峰，功成圆满：

斯长男由为三川守，诸男皆尚秦公主，女悉嫁秦诸公子。三川守李由告归咸阳，李斯置酒于家，百官长皆前为寿，门廷车骑以千数。

——《史记·李斯列传》

这个时候的李斯，称为千古一相，虽然不中亦不远矣，如果没有后来的话。

后来秦始皇驾崩，本意传位于扶苏，但赵高与胡亥合谋，想要矫诏夺位，而成败的关键，便是李斯的态度。赵高前去和李斯密谈，带去的筹码便是如果支持胡亥，以后可以继续为相。也许两人之间还有着更为复杂的利益交换，但《史记》中告诉我们的，就只有这些而已。

顺诏，支持扶苏，对抗赵高，也许会身死，即便成功，扶苏重用的人也不会再是自己。但会在史书上，留下一个美名。

矫诏，与赵高合谋，事成之后，自己依然是一人之下，万人之上的丞相。

身后名与眼前权，选哪一个？

其实选择早在开始的那一刻就已经注定了：久处卑贱之位，困苦之地，非世而恶利，自托于无为，此非士之情也。

他的一生，为追逐权力而开始，所以这一次，他选择的，仍然是权力。

在人生的最后一段旅程中，他与赵高合谋矫诏，千古一相的荣耀，他已不配拥有。

评论人事，要从初心与末路这两个关键点入手，其实做人做事，又何尝不是如此呢？

朱子的待客之道

> 念头浓者自恃厚，待人亦厚，处处皆厚；念头淡者自待薄，待人亦薄，事事皆薄。故君子居常嗜好，不可太浓艳，亦不宜太枯寂。
>
> 情感欲望强烈的人，对自己优厚，对别人也优厚，处处讲究物丰足用；情感欲望淡泊的人，对自己淡薄，对待别人也淡薄，对待一切事物都淡薄。所以君子的日常爱好不可过分讲究奢华，也不应该过分吝啬刻薄。

佛经中，将一瞬的二十分之一称为一念，指极短的时间。念头即是心中第一时间浮现出的想法，宽泛一点说，心中的追求、想法、欲望，都叫念头。

念头浓的人，对生活要求也较高，大多是既敢于冒险，又比较会享受的那一类人。

西晋石崇，前文已经提到过他，这里我们来细说一下。

他说："士当身名俱泰，何至瓮牖哉！"安贫乐道可不是我的理想，身体口腹的享受与美好的名声我都要。

我们先来说一下他是如何自待厚的：他住的屋宇宏伟富丽自不必言；家中有姬妾数百，这些养在金谷园的妙龄女郎们，平时穿着一袭拖地丝绸长裙，珠光宝气逼人，堪比皇帝的后宫。视听方面，家中聘养着私人乐团，操琴弹筝者皆为当世乐坛名家，每逢宴请宾朋时便出来献艺娱宾。饮食方面，"庖膳穷水陆之珍"，食材穷尽水中和陆地上的美味。

再看他待人亦厚的几件事：如厕是一件人人必须却又不登大雅之堂的事，但到了石崇这里，也可以"如"得超凡脱俗。他把厕所装修得美轮美奂，摆满各种香水、香料，不仅如此，还有十多个身着锦绣、打扮入时的美丽姑娘伺候客人如厕。如厕过后，姑娘上前来帮你脱下原本的衣服，因为已经被污秽之气沾染过了，怎么能再用？为你换上准备好的新衣，挽臂送出厕门。如此周到讲究，以至于许多客人宁可忍着，也不好意思去如厕。

文学史上颇负盛名的金谷园，便是石崇所建。金谷园有多华美？文采不错的石崇自己描绘道："去城十里，或高或低，有清泉茂林，众果竹柏，药草之属。金田十顷，羊二百口，鸡猪鹅鸭之类，莫不皆备。又有水礁、鱼池、土窟，其为娱目欢心之物备矣。"园内另建有一座约百丈高的崇绮楼，楼内用珍珠玛瑙、金玉琥珀、犀角象牙等装饰，金碧辉煌。

金谷园建成后，他常常邀请官场同僚、社会贤达和文坛才子们来此聚会，渐渐形成了名噪一时的"金谷二十四友"，西晋文学代表人物陆机、左思，美男子潘岳等人均名列其中。他们不定期地聚会宴饮，诗文唱和，号称"金谷雅集"，成为后世谈论西晋文学时的一个标志，亦是古代文坛的一段佳话。

这样处处皆厚的生活，即使千年后的我们隔着文字，也能感觉到太"过"了，万事有度，太过奢靡，岂有善终？

石崇最后被杀，家产被抄，死前，他感慨地说，害我的这些人无非是觊觎我的财产罢了。旁边押解他的一个士兵回应说，既然你早知道，为什么不把财富散去一些？石崇竟无言以对。

接下来说说念头淡的：宋代大儒朱熹，理学大家。如果理学你有点陌生，那"存天理，灭人欲"这句话多半也是听过的。虽然本句话不可以简单地理解为字面意思，但对欲望如临大敌的态度却一目了然。所以老先生清心寡欲，生活得十分节俭。

在武夷山讲学时："熹待学子唯脱粟饭，遇纮不能异也。"脱粟饭是一种去壳而不加精舂的粗粮，粗涩难以下咽。胡纮到武夷山拜朱熹为师时，朱熹也没有特别对待，胡纮很不满，对人说："此非人情，只鸡尊酒，山中未为乏也。"这种待遇不合乎人情啊，一只鸡，一尊酒，山中总是有的吧？第二天就不告而别了。

朱熹老人家待朋友也不厚。

豪放派大词人辛弃疾与他是好朋友，曾有一次顺路过来探望他，两人聊完天，朱熹提议喝点酒吧，辛弃疾受宠若惊，但到底还是天真了。他以为我们说吃饭，当然不仅仅只是吃饭的意思，也还要吃菜的，但朱老夫子说喝酒，就真的只是喝酒而已。几杯过后，辛弃疾建议应该配点菜，于是朱熹命人做了一道大菜——盐水煮黄豆。吃一颗豆子，喝一杯酒，多好。但辛弃疾毕竟豪放词人，不小心一杯酒吃了两颗黄豆，转眼看朱子，已然面沉似水。我只想说，朱熹您老人家也是够了。

当然，这个故事正史中是找不到的，只是坊间流传而已，大约是为了体现朱熹淡薄而杜撰的也未可知。

像这样事事皆薄，节俭便有些流于吝啬了，不为美德，反有可能成为一种弊端。

所以真正的君子不走极端，不浓不淡，正好"可口"。

四知名句

> 肝受病则目不能视，肾受病则耳不能听。病受于人所不见，必发于人所共见。故君子欲无得罪于昭昭，先无得罪于冥冥。
>
> 肝脏患有疾病，眼睛就看不清，肾脏患有疾病，耳朵就听不见。病体虽然生在人们所看不见的内脏，但病症却必然表现在人们所能看见的地方。所以君子要想在明处没有过错，就必须先做到在别人看不见的地方也不犯过错。

在中医理论中，人的内在五脏与外在五官之间具有深刻的联系。

"肝开窍于目，心开窍于舌，脾开窍于口，肺开窍于鼻，肾开窍于耳及二阴。"再具体一点来说："肝气通于目，肝和则目能辨五色。""肾气通于耳，肾和则能闻五音矣。"

——《黄帝内经·灵枢·脉度》

所以本则中说肝出了问题眼睛就看不见，肾出了问题耳朵就听不见。但洪氏本意并非教人看病，而是借用这个病受于内却发于外的日常现象来类比推理出君子的修养，一定要表里如一，要注意慎独。

"莫见于隐，莫显乎微，故君子慎其独也。"

——《礼记·中庸》

这里的莫并不是没有的意思，既然做了主语，当然要化身为不定代词，可翻译为没有什么。"见"即"现"，显现、显示的意思。没有什么事物比在隐匿无人之时更易于显现了，没有什么东西比在幽微时更显著的了，所以君子一定要慎重对待一个人独处时的种种念头和行为。

从最隐蔽、最细微的言行上最能看出一个人的真实品质。

君子要先无得罪于冥冥，说的便是慎独之意。讲慎独的故事，大约都会不约而同地提到一个人的名字——杨震。没办法，谁让他在下面这件事情中说的话太过有名了呢？

"当之郡，道经昌邑，故所举荆州茂才王密为昌邑令，谒见，至夜怀金十斤以遗震。震曰：'故人知君，君不知故人，何也？'密曰：'暮夜无知者。'震曰：'天知，神知，我知，子知。何谓无知！'密愧而出。"

——《后汉书·杨震传》

之作为动词，有到、往、去的意思。当杨震赴任途中，经过昌邑时，他从前举荐的荆州秀才王密刚好担任昌邑县令，于情于理，都该来拜见杨震。到了夜里，王密带着十斤金子来赠送杨震。杨震说："我了解你，你却不了解我，这是为什么呢？"王密说："夜里没有人会知道。"杨震便回了句千古名句："上天知道，神明知道，我知道，你知道。怎么说没有人知道呢！"

他口中这四知名句，在流传中略有变化，变成了天知地知、你知我知的金句，且潜台词丰富，泛用性极强，无论你是拒金还是不拒金都适合使用。它可以表示：要想人不知，除非己莫为。也可以表示：只要我不说，就没"人"知道，所以放心大胆地去干吧。这大约是杨震当初所始料不及的吧。

不过我终究还是喜欢这句话的温馨打开方式：

这番剧战，先前杀那七僧，张无忌未花半分力气，借力打力，反而有益无损，但最后以圣火令飞掷第八名恶僧，二人却是大伤元气。这时二人均已无力动弹，只有躺在死人堆中，静候力气恢复。赵敏包扎了左手小指的伤处，迷迷糊糊地又睡着了。

直到次日中午，二人方始先后醒转。张无忌打坐运气，调息大半个时辰，精神一振，撑身站了起来，肚里已是咕咕直叫，摸到厨下，只见一锅饭一半已成黑炭，另一半也是焦臭难闻，当下满满盛了一碗，拿到房中。赵敏笑道："你我今日这等狼狈，只可天知地知，你知我知，实不足为外人道也。"

两人相对大笑，伸手抓取焦饭而食，只觉滋味之美，似乎犹胜山珍海味。一碗饭尚未吃完，忽听得远处传来了马蹄和山石相击之声。

——《倚天屠龙记》

少年时深深迷恋黎姿饰演的赵敏，摇曳生姿，明艳逼人，如今假期又翻出来重温，但那些伴着蝉鸣和夏日阳光的年少时光，却再也翻不回来了。读到这一节，温馨之感依旧，刚好也有此四知句，索性引到这里。

这一则，就以这一处闲笔为结吧。

最温情的圣旨

> 我有功于人不可念，而过则不可不念；人有恩于我不可忘，而怨则不可不忘。
>
> 我对别人有功劳，不可念念不忘，但我犯下的过错却要牢牢记住；别人对自己的恩情不可以忘记，但别人对自己的怨恨却不可不忘记。

许攸是曹操官渡之战中的大功臣。

当时曹操兵少粮乏，已经快撑不下去了，这时候许攸前来投奔，并献上一策：奇袭乌巢，烧掉袁绍的粮草。

曹操依计而行，一举扭转了官渡之战的局面。

后来曹操拿下冀州，也有他的功劳。

但有功于人的许攸，却不仅自己常常念叨，也还要别人念念不忘。他经常在宴席间直呼曹操小名，阿瞒啊，要是没有我，你可不能坐在这里吃饭哦。曹操表示我就笑笑，不说话。

后来，许攸率领侍从出邺城东门，忍不住又得意地说：曹家人要是没有我，不可能出入此门啊。

这样有功于人又念念不忘的结果，就是最终一曲《凉凉》送给了自己。

"太祖性忌，有所不堪者，鲁国孔融、南阳许攸、娄圭，皆以恃旧不虔见诛。"

——《三国志·崔琰传》

念功于人，会助长自己的骄纵之心，有害德行。而常念己过，有过则改，则有助于修德。

对于恩怨，也是同理，常常心怀怨愤，会助长偏执、仇恨等等负面情绪，而念人恩情，知恩图报，则会助长心中的善念。

不忘旧恩的故事听了总会令人感觉温暖，本则我们讲一个非常温馨的关于圣旨的故事。

圣旨的措辞与内容大多威严无比，多关乎征战杀伐，但历史上却有这样一道圣旨，内容颇有些莫名：

"盖闻'衣不如新、人不如故'，天地至理也。朕以微眇之身奉承宗庙，夙夜兢兢、惟念旧德。朕少孤，常伴身者唯一古剑尔。剑虽微，然实获朕心，未尝一日离弃也。今朕虽贵有四海，然独偏爱此剑。本欲此生相守，奈何竟至遗落。朕甚悲焉，不胜思夫。今特颁此诏以告万民：有知之者，万望进言、勿使匿焉，朕必嘉赏。"

好吧，我承认这个乃是后人伪作，语气与句法都不似汉时，因为这道诏书的内容并没有流传下来，无法知道皇帝当时是怎样措辞的了，但确有此诏则不用怀疑，有史书叙事为证：

公卿议更立皇后，皆心仪霍将军女，亦未有言。上乃诏求微时故剑。

——《汉书·外戚传上》

汉宣帝下过一道主题为求故剑的诏书，这实在是太特别了，到底什么意思呢？

汉剑在冷兵器历史上甚为著名，以钢铁代替了青铜，剑的锋利与长度都大为提高。形制上汉剑继承了青铜剑的某些特点又发展出了自己的特点：圆盘形剑首，圆柱形剑茎，剑格处有纹饰，剑身有四面、六面、八面之分，剑鞘狭长方正，装上剑珌等饰品后质朴典雅。长剑入鞘，霸气内敛，大巧若拙。

但问题是，汉宣帝从来也没有收藏刀剑的习惯啊，怎么今天突然降诏要找寻一把相伴日久的昔日宝剑？

这事要搁在手下一帮大臣都是学理工的，还真就麻烦了，不是有那么个段子嘛：

一天，乔布斯突然对设计部的工程师们说，我想要一块既可以看电影也可以弹钢琴的玻璃。工程师们懵了，找了各种材质的玻璃，想了各种方案，但都不可能达到要求。直到一位清洁工老太太听说后（扫地神僧的眼，不了解的同学可以去看下《天龙八部》），淡淡地说了句，老板是要一块支持多点触摸的高分辨率显示器。

可我们古代的大臣那都是些什么人？四书五经倒背如流，隐喻隐语双关暗示不在话下。故剑如果是个暗喻的话，那完全可以不是剑，也可以是人啊，故剑就是故人啊。现在什么语境？立皇后啊，呼声最高的是谁？权臣霍光之女霍成君啊，她是皇帝的故人吗？不是，皇帝故人乃婕妤许平君啊。

刘询是汉武帝曾孙，但出生仅几个月就因为巫蛊之祸而受到牵连，尚在襁褓之中就成了狱中囚徒，后被祖母的娘家收养。直到巫蛊之祸平息，汉武帝下诏，将刘询收养在掖庭，他的身份才总算得到确认。掖庭令张贺对待刘询很好，在刘询长大后，为他迎娶了当地一个普通人家的女儿——许平君为妻。

许平君善良贤惠，在刘询最艰难的日子里，与他相依为命，同甘共苦，用自己的柔情让这个落魄的皇子感到了温情。

汉昭帝死后，因其没有子嗣，在大司马霍光的奏议下，未及弱冠的刘询意外地成了帝王。为了安抚权臣霍光，当年他又娶了霍光的女儿，他也一直对霍光的话言听计从，直到商讨立皇后时，他却下了这样一道诏书。

所以说，皇帝的意思是要么就不立，要立就非许平君不可！

既然已经把握了皇帝的意思，那还有什么可说的？转向！于是，前一天还各种上书说霍成君如何如何适合皇后之位，第二天就变成了许平君如何如何姿态高雅、气质华贵，正有母仪天下的风采（反正皇帝高兴，有什么好词用什么好词就对了）。

皇帝果然龙颜大悦，"顺应"众意地册立了许平君为皇后。

这就是故剑情深的典故，尽管故事的最后结局也难逃悲喜交加，但至少在这一刻结束，很温暖。

人道最是无情帝王心，可我要让你知道，虽然我害怕霍光，虽然我可以隐忍求全，但我至少可以给你一个最尊贵的名分，只有你，才是我的心中挚爱。

故剑情深，不忘旧恩，千载之下，依旧动人。

如此辩论不足道

心地干净，方可读书学古。不然，见一善行，窃以济私；闻一善言，假以覆短。是又藉寇兵而赍盗粮矣。

心地纯洁，才可读圣贤书、学古人训。否则，看见古人的一种美好品行，就窃取过来满足私欲，听闻古人的一句美好言辞，就借用过来掩饰自己的缺点。这就成了"借给敌人武器又送给强盗粮食"一样了。

夫兵者，不祥之器，物或恶之，故有道者不处。

——《老子》

兵器真的不祥吗？非也。要看为何而使用，用来杀戮无辜，那就真的是不祥之器。用来除暴安良，保家卫国，那就是正义之锋。兵器本身，无所谓善恶，使用兵器的人，才分善恶。

刀剑如此，诗书亦然。

书中的良言虽好，但同样也可以为人所利用。

就说前文提到过的"人非圣贤，孰能无过，过而能改，善莫大焉"这句吧，这本是一句善言，用以勉励人勇于改正错误。但也常常被人只用前两句，来为自己的错误作为掩饰宽宥之言：你看，谁都会犯错，为什么责备我呢？我虽然犯了错，但那也是人之常情啊。

春秋最佳辩手公孙龙，与孔子后人孔穿辩论，论题很无聊：奴婢长有三只耳朵。但结果却比较戏剧，有戏剧性：孔穿居然落败。"然。几能令臧三耳矣。"我承认辩论不过他，他的论述，几乎能令奴婢真的长出三只耳朵来。孔穿并不胡搅蛮缠，辩不过就是辩不过，坦率承认，有孔子之风。

灭了孔子后人之后，公孙龙斗志更旺，恰好当时的知名学者邹衍路过赵国，平原君便邀请他与公孙龙一战。本次论题乃公孙龙的成名作（虽然也一样的不正常）：白马非马。白马它其实并不是一匹马啊。公孙龙信心十足，但邹衍却一箭封喉，直接拒绝辩论。理由是，他认为好的辩论应该是这样的：

夫辩者，别殊类使不相害，序异端使不相乱。抒意通指，明其所谓，使人与知焉，不务相迷也。

辩论是为了让人明白道理的，而不是公孙龙这种：

及至烦文以相假，饰辞以相，巧譬以相移，引人使不得及其意，如此害大道。

你引经据典，却只是为了混淆视听；你巧妙设喻，是为了偷换概念；你文辞华丽，是为了颠倒是非，这样的辩论没有意义，所以我不参加！

真是掷地有声。

这样使用言辞，都可算作"闻一善言，假以覆短"之类，被邹衍点破之后，"座皆称善。公孙龙由是遂诎"。

心地不净，心术不正，读了古书，便会将故人的嘉言懿行用来作为满足自己私利的手段，作为掩饰伪装的方法，正因为是圣言贤语，反更加不容易被识破，危害更大。所谓就怕流氓有文化，大约也是类似的意思。以至于有人叹曰：

仗义每在屠狗辈，负心多是读书人。

这样去读书，可不是越读越负心？你想不孝，就借口"自古忠孝不两全"；你想不忠，就借口"良禽择木而栖"；你想不仁，就借口"天地不仁，以万物为刍狗"；想放纵，就"大行不顾细谨，大礼不辞小让"；想不信，就"言必信，行必果，硁硁然小人哉"；想专情，就"曾经沧海难为水，除却巫山不是云"；想多情，就"天与多情，不与长相守"……真是玩转名人名言，佩服佩服。

所以洪应明这里说得很好，读书做事，首要就是心正，无他。

"藉寇兵、赍盗粮"，许多春秋战国时的人都用过这个句子，大约是那时的俗语吧，意谓适得其反。

爵位与毒药选哪一个

> **栖守道德者，寂寞一时；依阿权势者，凄凉万古。达人观物外之物，思身后之身，宁受一时之寂寞，毋取万古之凄凉。**
>
> 坚守道德规范的人，虽然有时会遭受到短暂的冷落；可那些依附权势的人，却会承受永久的凄凉。通达的人重视物质以外的精神世界，并且又能顾及身死之后的名誉。所以他们宁愿承受一时的冷落，也不愿遭受永久的凄凉。

被今天的我们调侃为历史"穿越者"的王莽，在其执政的末年，天下纷乱，群雄并起。

当时公孙述僭号于蜀，僭的意思是超过本分，古时指地位在下的人冒用地位在上的人的名义或礼仪、器物等。不该你用的你用了，就叫僭。公孙述并非汉室正统，当然没资格称帝，却自称了"白帝"，所以史书上就说他僭号，冒用皇帝的名号。

他在蜀地掌权后，肯定也要寻找人才帮他做事，特别是那些有德行的人，如果他们能来，就说明自己能得人心。

他先征召谯玄。

谯玄字君黄，巴郡阆中人也。少好学，能说《易》《春秋》。

——《后汉书·独行传》

但多次征聘，他都不来，于是公孙述命使者准备好礼物与毒药，如果谯玄还不肯来，就赐他毒药，但他怎么回应呢？

玄仰天叹曰："唐尧大圣，许由耻仕；周武至德，伯夷守饿。彼独何人，我亦何人。保志全高，死亦奚恨！"遂受毒药。

我想像古代贤德的人一样，为了能够保持自己的道德，死了也没什么好怨恨的，毅然选择接受毒药。不过他最后并没有死，被救了出来。后来光武帝刘秀平定了公孙述后，很赞赏他这种德行，下诏在本郡建立祠堂纪念他。

而另一个人，同样选择了栖守道德，但却真的付出了生命的代价。

李业，字巨游，广汉梓潼人也。少有志操，介特。

——《后汉书·独行传》

公孙述知道李业有贤名，也征召他来做官，但他也不来，坚持说自己有疾病在身，来不了。几年过去了，还是不来，公孙述恼怒不已，手段如前：

乃使大鸿胪尹融持毒酒、奉诏命以劫业：若起，则受公侯之位；不起，赐之以药。

李业的回答是："亲于其身为不善者，义所不从。"

心中的道义不允许我这样做啊。尹融见他不肯，就说你还是应该和家人商量一下，其实是提醒他考虑下家人以后的安危，但李业心意已决：

业曰："丈夫断之于心久矣，何妻、子之为？"遂饮毒而死。

《华阳国志》赞扬他不同流合污的这一行为是"巨游玉碎，高风金振"。当然，他也没有寂寞太久，蜀地平定后，刘秀下诏记录下李业的事迹，天下传诵。

明代宦官刘瑾，专权之时弄得天下怨声载道，但因为权势滔天，所以投奔依附的人非常多。

张彩，安定人，弘治三年进士。史书形容他：高冠鲜衣，貌白皙修伟，须眉蔚然，词辩泉涌。有才有貌的一个人。他刚做官时，大约也很想为国家做点事情，有抱负，有理想，与他共事过的上司都很赏识他，推荐他。

可刘瑾专权出现了，他得做个选择，对抗还是依附，他选了后者。

刘瑾很高兴：瑾大敬爱，执手移时，曰："子神人也，我何以得遇子！"迅速给他以高官厚禄，他也自是一意事瑾，为刘瑾做了许多事，凡所言，瑾无不从。权利大了之后，也开始横行霸道起来，比如霸占别人的妾：

性尤渔色。抚州知府刘介，其乡人也，娶妾美。彩特擢介太常少卿，盛服往贺曰："子何以报我？"介皇恐谢曰："一身外，皆公物。"彩曰："命之矣。"即使人直入内，牵其妾，舆戴而去。

给对方升了一个官，然后直接便问，你拿什么来报答我呢？刘介害怕不已，回答说除了我这条命，所有东西都是您的，可见其炙手可热的程度。命就算了，张彩让人进内室，直接把刘的小妾带到轿子上载了回去，真是张狂至极。

可刘瑾也有倒台的时候，张彩的下场也很悲惨：

及瑾伏诛，彩以交结近侍论死，遇赦当免。改拟同瑾谋反，瘐死狱中，仍剉尸于市，籍其家，妻子流海南。

时代在改变，今天如果马云说想帮助我，给我几百万启动资金，要我到他那里帮忙做点事，我是一定会接受，也一定会去的。而且相信不会有任何人认为这是"依附权势"，认为我将凄凉万古。

读书重在领会精神，而不可太拘泥于字句。但宁受一时之寂寞，毋取万古之凄凉的这种坚守精神却仍旧具有生命力，毕竟今天，外在的诱惑可比任何时候都多。

白纸上的黑点

> 十语九中未必称奇，一语不中，则愆尤骈集；十谋九成未必归功，一谋不成则訾议丛兴。君子所以宁默毋躁、宁拙毋巧。
>
> 十句话中有九句正确，人们不一定因此啧啧称奇，但只要一句不对，埋怨指责就会聚集到你身上；十次谋略九次成功，不一定有功劳，可是只要有一次失败，非议诋毁就会纷至沓来。所以君子宁可保持沉默也不愿浮躁多言，宁可表现得笨拙木讷些，也不愿炫耀机巧、自作聪明。

某所大学，某一天，某位教授。

你如果奇怪怎么全姓某，那是因为这是一个哲理故事，地点、时间、人物都并不重要，重要的是这里所发生的事和背后的道理。

教授走进教室，跟学生说要进行一次突击测试，其实对于视考试如同家常便饭的学生来说，测验根本没有突击这一说。于是所有学生都坐好等待测试开始，在心中猜测着本次考试的内容。

教授把试卷发给所有学生，有字的一面朝下。发放完后，教授示意学生们可以把试卷翻过来，开始答题了。

学生们翻过试卷后，并没有看到上面有预想中的一道道题目，而是在白纸中央有一个黑色的圆点，但没有任何文字说明。学生们都很困惑，教授注意到了学生们脸上的表情，补充道："现在请你们把看到的都描述下来。"

教授的话并没能解释学生们的疑惑，但大家都开始了作答。快下课时，教授把所有试卷都收了上来，开始在全班面前朗读每张试卷上的答案。所有学生都描述了那个黑点，并尽量说明它的位置或者寓意。教授读完后，全班都在期待着正确的答案。

教授笑了笑，然后开始解释："大家不用担心，这个测试我不会给你们打分，我只是想让你们思考一件事。坐在这里的每个人关注的都是白纸上的黑点，描述的也都是这个黑点，但没有人描述这张白纸，它明明也符合题目的要求。"

大家一愣。

教授继续说："我们的生活也是如此。白纸代表我们的一生，黑点代表我们生活中的问题。我们的生命是上天赐予的最好礼物，其中充满爱和关心，生活中总是有快乐的理由——身边的朋友、为我们提供生计的工作，还有我们每天看到的不可思议的事，等等。但我们所关注的，却大多只是负面的问题。其实和我们生活中所拥有的一切相比，这些问题简直微不足道。"

这个故事在教育圈中流传很广，也和许多其他的哲理小故事一样，有着许多不同的版本，但主题都差不多。

它提醒着我们，人心理上有一个盲区：我们都特别容易关注负面的东西，并且因此而一叶障目，扩大它的影响、效果，甚至让它成为视野中的唯一事物。

都知道瑕不掩瑜，可若一块美玉中真的有一块瑕疵，相信会吸引我们所有的目光，让我们心中一直不舒服，直到用一块无瑕美玉替换掉为止。

因为有这种效应的存在，便会产生洪应明上边所列举的两种现象，其实又何止这两种？生活中，世间事，大抵皆如此。

盲点一旦知道了，也就不成为盲点了，人际交往中，多多注意一下就好了。

山非山水非水

　　一苦一乐相磨炼，练极而成福者，其福始久：一疑一信相参勘，勘极而成知者，其知始真。

　　一生有苦有乐，只有从苦难中磨炼出来的幸福才能长久；求学有疑有信，抱着既怀疑又相信的态度去勘验实证得到的学问才是真学问。

　　人生苦乐相随，予乐拔苦为慈悲，可乐毕竟是一种主观体验，若无参照，便无法度量快乐的程度，很可能一直身在福中却不知福。

　　信安郡石室山，晋时王质伐木至，见童子数人棋而歌，质因听之。童子以一物与质，如枣核，质含之而不觉饥。俄顷，童子谓曰："何不去？"质起视，斧柯尽烂，既归，无复时人。

——《述异记》

　　这就是传说中的山中一日，人间百年了，王质此时已在仙境之中，但可惜的是，没有参照，他无法知道，所以人家让他走，他便走了。你看，如果没有人间的对比，即使身在仙境也感受不到。苦乐亦然，只有体验过苦痛，对比之下，才会倍觉乐之可贵，才会珍惜快乐的价值。

　　求知也是如此，引一则禅宗名言来说明这点，宋代禅师青原惟信在给弟子们讲课时说过这样一段话：

　　老僧三十年前，未参禅时，见山是山，见水是水。及至后来亲见知识，有个入处，见山不是山，见水不是水。而今得个休歇处，依前见山只是山，见水只是水。大众，这三般见解，是同是别？有人缁素得出，许汝亲见老僧。

——《指月录·卷二十七·六祖下第十四世》

　　网上的资料大多说这段话出自青原行思，这实在是张冠李戴了，青原行思乃是唐代人，名字和朝代都错了。

最初见山水便觉得只是山水，这时心中无疑，只有确信。但当亲见知识，有个入处后，也就是阅历智慧都增加了之后，心中开始有了怀疑。

因为山水也是天地自然的一部分，蕴含着某种道理，别忘了朱子的格物致知之说，也不要忘记了王安石说过的：古人之观于天地、山川、草木、虫鱼、鸟兽，往往有得，以其求思之深而无不在也。昔年孔子观水，可以从中看到仁义礼智信诸般品格，亦曾发出过"仁者乐山，智者乐水"的感慨，你觉得，山水真的只是山水吗？

有了怀疑，就想要释疑，于是继续不断求索、开悟，最后终于疑虑尽释，彻底了解了山水的真如面貌，于是看山又是山，看水又是水了。

铅华褪尽，返璞归真，此时的认知，自然是真知灼见，再无怀疑了。

我想，这大约也是为何几乎所有的爱情故事中,总要或重或轻地那么"虐"一下男女主角，让两人经历一番猜疑、波折之后，才让他们最后获得幸福的原因吧。

毕竟一疑一信相参勘，勘极而成情者，其情始真。

不执着

风来疏竹，风过而竹不留声；雁度寒潭，雁过而潭不留影。故君子事来而心始现，事去而心随空。

清风吹拂稀疏的竹林，风过之后，竹林没有留下那沙沙的声音；大雁飞过寒冷的深潭，大雁飞走，潭水不会留下大雁的影子。所以君子行事也要这样，事情发生时，心中浮现各种情绪，事情过去之后，心境也随之放下。

对于我们生活在平凡俗世中的普通人来说，烦恼琐事就像雨点落入水面激起的涟漪，方生方逝，方逝方生，总要不停地面对和处理。

如何不陷入其中消磨掉自己的色彩？

竹不留声，潭不留影，这是自然之理，洪应明由自然而推及人事，得到一个事来而心始现，事去而心随空的结论。其实这个结论再简化一点说，就是"心无挂碍"，再通俗一点说，就是要拿得起、放得下。

事情来到时，不逃避，好好处理，事情一旦结束，就不再纠结犹豫。如此，就能得自在。

一个老和尚带着一个小和尚游方，经历世情。这天走到一条河边，刚好见到一美貌女子也想过河，却又不敢过。老和尚便主动背起该女子，蹚过河去，然后放下女子，女子道谢后离去，老和尚则与小和尚继续赶路。但小和尚的心中可一点也不平静，他想：师父这是怎么了？出家人应该严守戒律，师父竟然主动背着女子过河？起初他不敢问，但这样一路走，一路想，实在是想不明白，终于忍不住发问道：师父，你为什么要背着她过河？老和尚哈哈一笑：过了河，我就已经放下了，没想到你却还放不下。小和尚闻言一愣，随后心有所悟。

你说他悟到了什么？大约就是心无挂碍，不执着。

如果不能够事去而心随空，便很容易走入执念中，放不下，烦恼就始终不会消失。

当代作家王小波写过一段对小说的评论：

所谓幽闭类型的小说，有这么个特征：那就是把囚笼和噩梦当作一切来写。或者当媳妇，被人烦；或者当婆婆，去烦人；或者自怨自艾；或者顾影自怜；总之，是在不幸之中品来品去。这种想法我很难同意。我原是学理科的，学理科的不承认有牢不可破的囚笼，更不信有摆不脱的噩梦；人生唯一的不幸就是自己的无能。举例来说，对数学家来说，只要他能证明费尔马定理，就可以获得全球数学家的崇敬，自己也可以得到极大的快感，问题在于你证不出来。物理学家发明了常温核聚变的方法，也可马上体验幸福的感觉，但你也发明不出来。由此就得出这样的结论，要努力去做事，拼命地想问题，这才是自己的救星。

——王小波

我觉得这段议论，不仅适用于小说，也适用于人生，把囚笼和噩梦当作一切、总是在不幸中品来品去，那便陷入了贪执，而贪执是一座心迷宫，没有出路的。

发挥一下，我们最容易陷入纠缠，放不下的事情是什么？多半是失恋。

当爱情离开了，心也应该随着离开，他／她找到了自己喜欢的人，我们应该送上祝福。这才是正确的态度，但说来容易做来难，我们通常的做法是苦苦纠缠、寻愁觅恨。这里送一段对话给大家，据说出自《柏拉图全集》：

苏格拉底："如果他认为离开你是一种幸福呢？"

失恋者："不会的！他曾经跟我说，只有跟我在一起的时候，他才感到幸福！"

苏格拉底："那是曾经，是过去，可他现在并不这么认为。"

失恋者："这就是说，他一直在骗我？"

苏格拉底："不，他一直对你很忠诚的了。当他爱你的时候，他和你在一起，现在他不爱你，他就离去了，世界上再也没有比这更大的忠诚。如果他不再爱你，却要装着对你很有感情，甚至跟你结婚、生子，那才是真正的欺骗呢。"

失恋者："可是，他现在不爱我了，我却还苦苦地爱着他，这是多么不公平啊！"

苏格拉底："的确不公平，我是说你对所爱的那个人不公平。本来，爱他是你的权利，但爱不爱你则是他的权利，而你想在自己行使权利的时候剥夺别人行使权利的自由，这是何等的不公平！"

失恋者："依您的说法，这一切倒成了我的错？"

苏格拉底："是的，从一开始你就犯错。如果你能给他带来幸福，他是不会从你的生活中离开的，要知道，没有人会逃避幸福。"

——《苏格拉底与失恋者的对话》

我这样的观念，那些做分手挽回状的人一定恨死我了，可是你看，道理多么明白，就看你肯不肯让自己的心"事去随空"了。

万能素材苏东坡

天薄我以福，吾厚吾德以迎之；天劳我以形，吾逸吾心以补之；天扼我以遇，吾亨吾道以通之。天且奈我何哉！

假如上天给我福分不多，那我就多做些善事来培育我的福分；假如上天用劳苦来劳损我的身体，那我就放逸我的心情来弥补它；假如上天阻遏我的际遇，那我就通过修养道德来打通它。如此，上天又能奈何我什么呢！

解读这一则前，先想到了一个段子：

虽然你工资少，但是你加班多呀；虽然你长得胖，但是你皮肤黑呀；虽然明天就要开学，但是你暑假作业也没写完呀；虽然你购物车很满，但是你支付宝没余额呀……

这个句式还可以无限地添加下去。我觉得它好玩的地方在于，"虽然……但是……"是一对表示转折关系的关联词，通常转折之后的内容都是对前边的一种弥补。可在这里，本来发生转折时，你心里已经有一个预期了，啊，要获得某种弥补了，但结果一看内容，居然是二次伤害，这就使你的期待感落空，反差之下，形成了一种幽默、自嘲的语气。

语气之外，其实还能读出一种乐观、反抗来。你不是想打击我吗？可我偏偏就还能笑得出来，还能苦中作乐，就让你不如愿。

老天薄我、劳我、扼我，我怎么办？

别小看我，我可是个蒸不烂、煮不熟、捶不扁、炒不爆、响珰珰的一粒"铜豌豆"，会怕你不成？

苏轼（对不住了苏先生，您实在是万能素材，不用我舍不得啊）在经历了乌台诗案之后，开始后半生的贬谪漂泊之旅，整治他的那些人，很希望看到他消沉沮丧、再无振作的样子。

他先被贬到了黄州，衣食住用都成了问题，可没关系，苏东坡自己务农。"某现在东坡种稻，劳苦之中亦自有其乐。有屋五间，果菜十数畦，桑百余本。身耕妻蚕，聊以卒岁也。"他开辟了十余亩的土地在山坡上，山顶处建了房子，山脚下又盖了一间草堂，草堂四壁画有雪景，自名为雪堂。

姓古的邻居家拥有一片竹林，苏东坡有时候会在消暑之际顺便给苏夫人找一些做鞋用的衬里。

他关注粮价肉价的变动，发现可以用蒸锅和漏锅做成美味的菜汤蒸饭。发现猪肉价贱，"富者不肯吃，贫者不解煮"，哎，我苏东坡来晚了啊，来来来，跟我一起学做红烧肉。大火沸水煮开，转文火慢炖，记得要放酱油。记得杨绛女士在《我们仨》中回忆与钱钟书留学法国时，两人都不善做菜，偶然间发现了沸水煮肉然后小火慢炖的方法后欣喜莫名，从此各种食材一律此法伺候。岂不知苏东坡早已知晓此间乐趣。不禁堪笑他们读书无数，为何不直接师法苏子？

江中多鱼，捕捞来后，他这样吃：选好一条大鲤鱼，冷水洗净，上盐入味，鱼腹内塞上白菜心。放在煎锅里小火慢煎，半熟时，放几片生姜，起锅前浇上一点咸萝卜汁和一点酒，端盘之前再放上几片橘子皮。你看，入味去腥一应俱全，不亚于现在我们吃鱼前挤一些柠檬汁来调味去腥。

偶尔来了闲情逸致给人家的吃食命个名，不知道名字的酥油饼就叫"为甚酥"，放多了水的酒就叫"错煮水"。

朋友来了就开开他的玩笑："龙丘居士也可怜，谈空说有夜不眠。忽闻河东狮子吼，柱杖落手心茫然。"从此河东狮吼一词成典故，陈季常怕老婆的事迹天下传诵，不知他恨不恨苏东坡，哈哈。

写作当然也是必不可少的，他分别创作了《黄泥坂词》《赤壁赋》《后赤壁赋》以及《记承天寺夜游》。如果你还在读初高中的话，恭喜你，目前为止，苏先生为广大学子准备的初高中文言文背诵篇目已全部解锁。

太过无聊时，就要求来访的客人谈鬼，客人说我不知道啊，先生说没关系，随便说就是（胡说八道刚好就是鬼话）。于是大家乱谈一番，最后宾主都很尽兴，对于这样的结果，还真是无语。

朝廷一看这不行啊，你当我让你去过农家乐啊？严肃点行不行？我们是贬谪你好不好？喜欢黄州是吧，那就让你去惠州。

苏东坡到了广东惠州怎么样呢？发现了水果之王荔枝的美好："罗浮山下四时春，卢橘杨梅次第新。日啖荔枝三百颗，不辞长作岭南人。"（《食荔枝二首》其二）吃得好，睡得也不错："白头萧散满霜风，小阁藤床寄病容。报道先生春睡美，道人轻打五更钟。"据说这首诗流传出来，被当政的权臣看到，不禁发问说："苏轼还这么快活吗？"

好，你强，我就不信打击不到你，喜欢惠州是吧？那就让你去儋州。

儋州也就是今天的海南岛，古时交通不便，此地远离中原，为人迹罕至的蛮荒之地，古代帝王往往将这里作为流放"逆臣"的地方。至今这里还有一个景点叫作天涯海角。

这里很苦，可苦不住我的心、我的德行、我的道。

他这一生，无论遭遇如何困境，总是能因地制宜地活出生命的最佳状态。物质虽然短缺，但水还是很充足的，他每晚会以热水浸足，以祛寒湿；日用品奇缺，但木梳总是有的，海风总是取之不尽的，仍可迎风梳头，以促进头部血液循环。

渐渐的，他在海南又过得意趣横生起来。

他说："天地在积水之中，九州在大瀛海中，中国在少海之中，有生孰不在岛者？"（《试笔自书》）

有一次他吃了当地渔民送给他的海鲜，觉得味道异常鲜美，就告诫小儿子苏过，千万不要对别人讲，"恐北方君子闻之，争欲为东坡所为，求谪海南，分我此美也"（《食蚝》）。

有一次他喝了一点酒，顿时脸色红润，小孩子们以为是"返老还童"了，苏东坡哈哈一笑，顿时露出了破绽。他觉得这事很好玩，就写诗记录道："寂寂东坡一病翁，白须萧散满霜风。小儿误喜朱颜在，一笑那知是酒红。"

（《纵笔》）

诗人用了三年的时光适应下来，然后就遇朝廷大赦，即日北返。

在归途中，苏轼用一句诗总结了此次天涯之行：九死南荒吾不恨，兹游奇绝冠平生。

这真是苏东坡，这真是我们爱的苏东坡，他的一生都在不停地跋涉，刚刚熟悉一个地方，马上就要转身离开。上天在作弄他，薄他、劳他、扼他，可苏轼，大约也只有苏轼能不负众望地做到了随遇而安，宠辱不惊的天人境界，无论身处何种困境，都能让生命变得圆满丰润起来。

人生到处知何似，恰是飞鸿踏雪泥。泥上偶然留指爪，鸿飞那复计东西。

没有人能比苏子后半生的经历更能注释洪氏的这一段话了，对于这样的人，天且奈我何哉！

风火家人

家人有过不宜暴扬，不宜轻弃。此事难言，借他事而隐讽之。今日不悟，俟来日正警之。如春风之解冻、和气之消冰，才是家庭的型范。

家人犯了过错，不应该揭露传扬，不应该轻易放弃。这件事情难以言说，可以假借其他事情来暗示他改正；今天不能醒悟，就耐心等到来日再好好警示他。就像春风化解冻土、暖气消融坚冰那样，这才是家庭生活应有的样子。

《易经》六十四卦中有一卦名为风火家人，这个卦由下面的一个离卦，上面的一个巽卦组合而成。离代表着火，巽代表着风，风吹火，助火之威，象征着家人同心协力，发展事业。这个卦的第三爻爻辞如下：

家人嗃嗃，悔厉，吉；妇子嘻嘻，终吝。

嗃嗃，叠词，古汉语中叠词一般都是形容词，嗃嗃形容严厉的样子。家人如果认识到这种严厉的态度是不好的、危险的，并悔恨这种表现，则吉利。也就是说，家人之间，不该咄咄逼人，批评教育也好，规劝也罢，都应心平气和。这与洪氏本则所说的如春风之解冻、和气之消冰正不谋而合。

朱雀桥边野草花，乌衣巷口夕阳斜。旧时王谢堂前燕，飞入寻常百姓家。

——刘禹锡《乌衣巷》

诗中的谢家，就是历史上赫赫有名的陈郡谢家，东晋乃是历史上门阀制度最鼎盛的时期，世家大族，不胜枚举，而这其中犹以王谢两家最为著名。

谢家的家主就是前文我们讲到过的谢安，他的夫人教导儿子时，曾责问太傅谢安："怎么从来没有见您教导过儿子？"谢安回答说："我常常教导儿子啊。"他是以自身的行为和隐喻的言语来进行教导的，夫人程度不够，估计没看出来。

谢安的侄儿谢玄爱慕虚荣，受当时的社会风气影响，十分喜欢在腰间悬挂紫罗香囊，并常常把玩。谢安当然可以以长辈的身份命令禁止他这样做，甚至打骂他都可以，但这样肯定会影响彼此的情感，所以他并没有这样做。这天，他又看到谢玄在把玩香囊，谢安就走过去，把香囊拿在手上，对谢玄说："我们俩打个赌，谁赢了香囊就归谁。"结果，谢安赢了，理所当然地得到了香囊，然后他当着谢玄的面把香囊给烧掉了，并且对谢玄说："这是女孩子的饰物，男子汉戴在身上显得太浮华了。"从此谢玄真的戒掉了这个爱好。

谢安的二哥谢据，年少时喜欢跑到房顶上放烟熏老鼠。他的儿子谢朗听家人说过熏老鼠的事情，但因为父亲去世的早，他并不知道故事的主角就是自己的父亲，所以经常拿这件事讲给别人听取乐，觉得这个人蠢极了，怎么会干这种事呢？儿子这样嘲笑已故去的父亲，在这样讲究家风的世家大族中是很严重的事，也很丢人。一次闲谈中又说起这件事，谢安故意漫不经心地说，年少时干这种事其实也没什么，当年我就曾做过，还是和你爹一起呢。谢朗听后，立刻就明白了，悔恨了好久，以后再也不轻易嘲笑别人了。

在汉代，名将李陵投降匈奴后，汉朝使者出使匈奴时见到他，有一使者不断用手轻轻抚摸刀首。汉军惯用的刀叫环首刀，刀首处铸有一个铁环，环者，还也，这是在暗示他回家。虽然李陵最后也没有回去。

余性爽直，落拓不羁；芸若腐儒，迂拘多礼。偶为之整袖，必连声道"得罪"；或递巾授扇，必起身来接。余始厌之，曰："卿欲以礼缚我耶？《语》曰：'礼多必诈'。"芸两颊发赤，曰："恭而有礼，何反言诈？"余曰："恭敬在心，不在虚文。"芸曰："至亲莫如父母，可内敬在心而外肆狂放耶？"余曰："前言戏之耳。"芸曰："世间反目多由戏起，后勿冤妾，令人郁死！"余乃挽之入怀，抚慰之，始解颜为笑。

——《浮生六记》

这是大约人间最恩爱的一对夫妻——沈复与陈芸他们之间的一段对话，沈复不拘小节，不喜欢言语间太客气，就用礼多必诈指责芸娘。芸娘不好意

228

思，但依然反问，沈复就回答说恭敬表现在心里就够了，这显然有点问题，若连可以看到的外表都不恭敬，又怎么知道看不见的内心是否恭敬呢？孔子都说孝敬父母要态度好，态度不好和犬马有什么分别？可芸娘并没有针锋相对，而是用父母做类比，说对待至亲父母可以这样吗？沈复败下阵来，承认自己不对。

这样的妻子，真是可爱。

以上这些，都属于借他事而隐讽之，你看效果，不是很好吗？

女儿小七

> 天地有万古，此身不再得；人生只百年，此日最易过。幸生其间者，不可不知有生之乐，亦不可不怀虚生之忧。
>
> 天地万古长存，可是人的生命却不能再次获得；人的寿命最多百年左右，一天很容易就过去了。我们有幸生存在天地之间，不可不了解拥有生命的快乐，也不可不怀有虚度光阴的担忧。

生命，是异常难得的。

通常我们觉得既然宇宙如此浩瀚无边，那么肯定在某处会存在生命。不过，如果我们把注意力限制在可观测的宇宙范围内，那么虽然星球数量巨大，但与随机形成简单的有机分子的概率相比，这个数字就不够大了。

化学物质演变成生物的路途漫长而又复杂，要满足每一个条件才行，有可能万亿颗行星中，才有一个出现生命。

雅克莫诺在他的书《偶然性与必然性》（*Chance and Necessity*）中写道："最终，人类会明白，他们在冷漠无垠的宇宙中孤立无援，是因为他们自己的产生本来也是偶然。"

生而为人，就更加难得了。

佛教非常强调人身的难得与珍贵，从数量上说，有一个指间沙的比喻：世尊有一天在舍卫国祇树给孤独园弘法时，许多弟子跟随着他，他在地上抓起一把沙土，然后又把它洒到地上。弟子们知道老师的每一个举动都不是无意做的，便向老师请教，这是什么意思？佛就发问：我刚刚洒落了一把沙土，现在是洒到地上的土多，还是残留在我指甲上的土多？弟子们说当然是洒到地上的土多。佛就说，这个世间的人，失掉人身之后，来生想要再次为人，就如同我指甲里残留的那点沙土那样稀有。

地狱众生犹如大地微尘，饿鬼道众生犹如恒河沙数，旁生道众生犹如酒糟，阿修罗道众生犹如漫天大雪，而人及天人仅仅像指甲上的灰尘。

从机缘上说，佛家也有一个比喻，人身难得如盲龟值木。

如是我闻：一时，佛住猕猴池侧重阁讲堂。尔时，世尊告诸比丘："譬如大地悉成大海，有一盲龟，寿无量劫，百年一出其头；海中有浮木，止有一孔，漂流海浪，随风东、西；盲龟百年一出其头，当得遇此孔不？"

阿难白佛："不能，世尊！所以者何？此盲龟若至海东，浮木随风或至海西、南、北，四维围绕亦尔，不必相得。"

佛告阿难："盲龟浮木，虽复差违，或复相得。愚痴凡夫漂流五趣，暂复人身，甚难于彼。所以者何？彼诸众生不行其义，不行法，不行善，不行真实，展转杀害，强者陵弱，造无量恶故。"

——《杂阿含经》

每一百年才浮出一次水面的盲龟，刚好头穿过在茫茫海面上漂浮着的浮木的圆孔，这样的概率有多大？可是想要再一次获得人的身体，人的生命，比这个还要困难。

佛家贵生的思想很好，而且指间沙、盲龟值木这两个譬喻也很奇妙。

所以莎士比亚在《哈姆雷特》中写了一段人的礼赞，成为人文主义最经典的宣言：

"人是一件多么了不起的杰作！多么高贵的理性！多么伟大的力量！多么优美的仪表！多么文雅的举动！在行为上多么像一个天使！在智慧上多么像一个天神！宇宙的精华！万物的灵长！"

——《哈姆雷特》

我们真的是幸生其间，很有幸能够以人的姿态生于这天地之间，但这异常宝贵的生命，却又那样短暂，所以一定要知道生命的快乐和忧虑。

生命中的快乐太多了，写哪一件呢？请允许我荡开一笔，讲一个自己的故事。

当宝宝还在肚子里乱折腾的时候，起名字的事项就被提上日程了，古人云，赐子千金不如赐子一艺，而赐子一艺又不如赐子一名。名字和命运相关，信不信由你。最初，各种迹象表明是个男孩，虽然我其实想要个女孩，可是没办法，就按男孩子的名字来吧。

姓赵自不必说了，怎么说赵姓也是来自当年诸侯封地，还是不错的。无敌将赵子龙，宋太祖赵匡胤都乃吾姓名流，至于是不是一支就不管了，反正人都喜欢依附名人。

首先想到的词是彦朗，彦的意思是俊杰，朗是光明正大，我希望他成为这样的人，但妻子说这个名字太大气了，不好，于是作罢。然后又想到了一个字：龘，音达，听起来平凡，但其字意义是龙飞腾貌，平凡和惊人相调和，不错。只是，以后他书写时会恨我的，笔画太多了，哈哈。再然后呢，宝宝出世了，看到她那一刻很奇妙，她好小，而且，是个女孩，当时我可是高兴坏了，心想事成。因为出生之前曾戏言曰七七，生时刚好七斤七两，故小名七七，无可更改，神奇之至。

那么名字自然要更换，苦思之后，一批名字进入候选：凝萱、嘉卉、炜彤、月婵、伶韵、清菡……妻子选中了炜彤这个名字，觉得比较有阳刚之气，希望我们的女儿不要柔弱，要成为女汉子。老实说我觉得这个名字也没什么特别的，而且我始终以为，天地分阴阳，男女有别，男之为男，刚也，剽悍勇武；女之为女，柔也，温柔体贴。你见过几个人真心喜欢女汉子的？女子最厉害的武器不是刚强而是温柔，不是利嘴而是柔肠，你看历史上为红颜知己而死的人有多少，为女汉子而死的我还真没读到几个。

起名这事也有瘾，于是我想我想，我再想，翻唐诗，研究说文解字，苦思不得之际，却在偶然间为她取下了这个名字——浥尘。读者朋友们一看便知，出自诗句"渭城朝雨浥轻尘"，浥的意思是沾湿，湿润尘土使之不起，寓意为人不浮躁，远离浮华，忠于大地。再配合小宝子的属相马，希望她无论生活怎样浮躁，世界怎样繁华，都不要跑得太快，要有所节制，要给自己享受生命美好的时间。

她睡觉的时候有几种模式：元宝模式、投降模式、青蛙模式、无影腿模式，几种模式之间可以自由转换。她睡着了的嘴也会像吸奶时那样时常快速翕动，难道梦中也在吃好吃的？她的脸很秀气，她的名字是泡尘，渭城朝雨泡轻尘；她常常在梦中笑得好可爱；她安静时很乖；她是我生命的延续，是我唯一可以对抗死亡的方式。我有好多东西要教给你，快快长大啊，未来，我们会怎样相处呢？

看到她的那一刻，是我觉得生命中最快乐的一刻，生之喜悦，由她而知。

好了，故事讲完了，我们继续，相对的，我很反感这样一句话：生而为人，我很抱歉。据说出自太宰治的《人间失格》，可我读完这本书也没有发现，但无论出自哪里，我都绝不认同。

生命的忧虑在于虚度，那么如何才能不虚度这短暂而珍贵的人生呢？很抱歉，这个问题很大，我也不敢轻易回答读到这里的朋友，不过您可以去看另一本书《解语——语文老师教给青少年的论语课》，其中最后一篇，也许会有启发。

英 雄 三 慎

小处不渗漏，暗处不欺隐，末路不怠荒，才是真正英雄。

细微之处不可疏忽遗漏，不为人注意之处不欺骗隐瞒，穷途末路的时候也不懈怠荒废，这才是真正的英雄。

英雄大约是一个不会过时的话题，直到今天周杰伦还在《龙拳》中唱到：全世界的表情只剩下一种，等待英雄，我就是那条龙。但讨论英雄时，还需要先确定一个标准，究竟怎样的人才能算是英雄呢？

"智过万人者谓之英，千人者谓之俊，百人者谓之杰，十人者谓之豪。

明于天地之道，通于人情之理，大足以容众，惠足以怀远，智足以知权，人英也。

德足以教化，行足以隐义，信足以得众，明足以照下，人俊也。

行可以为仪表，智足以决嫌疑，信可以守约，廉可以使分财，作事可法，出言可道，人杰也。

守职不废，处义不比，见难不苟免，见利不苟得，人豪也。

英俊豪杰，各以大小之材处其位，由本流末，以重制轻，上唱下和，四海之内，一心同归，背贪鄙，向仁义，其于化民，若风之靡草。"

——《通玄经》

这段文字定义了英俊豪杰，但这样的标准读起来很过瘾，可总觉得有点空泛，而且按照这样的标准，估计也没谁是英雄了，倒是洪应明提的三个标准，更为简明平易。

小处不渗漏，指的是慎微。

老子说："天下难事，必作于易；天下大事，必作于细。"细节决定成败。

"诸葛一生唯谨慎，吕端大事不糊涂"，我们敬爱的武侯先生就是一个十分留意细微之处的人。《三国志》中记载了他一件事，当时他在刘表处，刘表的长子刘琦非常器重他，而刘琦这个时候不被父亲所喜欢，很担心以后的命运，便总想去问诸葛亮自安的办法。按理说对方很欣赏器重你，也是发自真心的，此刻有求于你，你于情于理都该帮助一下。但诸葛亮却总是推脱搪塞。因为他很谨慎，他考虑到了此时的处境，自己在刘表处属于客人，刘表与刘琦是父子，是亲人，自古"疏不间亲"，所以虽然他有办法，他也想帮，但不能。如果一时口快，之后人家父子又和好如初了，必然会将你当时说的话透露出去，那时你又该如何自处呢？但刘琦也是个有办法的人：

琦乃将亮游观后园，共上高楼，饮宴之间，令人去梯，因谓亮曰："今日上不至天，下不至地，言出子口，入于吾耳，可以言不？"

逼到了这个份上，诸葛亮总算开口了，但仍然没有直接回答，只是说了两个典故："君不见申生在内而危，重耳在外而安乎？"

刘琦听懂了，私下里按照诸葛亮的话去做。

而诸葛亮后来做了丞相后，也能够做到：善无微而不赏，恶无纤而不贬。无论多么小的善行，没有不奖赏的，无论多么细的恶行，没有不贬抑的。

暗处不欺隐，指的是慎独。

慎独是传统文化中很强调的个人秉性，当身边没有其他人，无论你做什么都没有人知道时，你在想什么？你要干什么？（对，别看别人，同学，说的就是你）这个时候，是心魔最蠢蠢欲动的时刻，因为做什么都不必负责，这个时候，也是最考验人格的时候，但记住，毋自欺也。

明朝《玉堂丛语》中记载了一则"曹鼎不可"的故事，全文如下：

曹鼎为泰和典史，因捕盗，获一女子，甚美，目之心动。辄以片纸书"曹鼎不可"四字火之，已复书，火之。如是者数十次，终夕竟不及乱。

曹鼎后来在明英宗朝做到宰辅，可见确非常人，他曾抓到一名女贼，由于离县衙路途遥远，两人便夜宿在一座庙中。可那女贼美得让他心动，怎么办？自己是官，对方是贼，讨好自己还来不及，哪里敢反抗？更不敢张扬出去。可那样做怎么对得起自己的良知？良知算什么，满足下欲望才重要。被欲望所控，不就成禽兽了吗？心里天人交战中，他就用纸一遍遍书写"曹鼎不可"四个字，写完就烧，烧了又写，反复几十次，一直煎熬到天亮，终于守住了"清白"之身。道义、良知最终战胜了情欲。但从中也可以看到，慎独有多难，心中思想斗争的激烈程度不亚于真刀真枪打了一仗。

末路不怠荒，说的是慎终。

当一个人到了穷途末路，到了生命的最后时刻，他还能继续保持高傲与尊严吗？

能！

项王军壁垓下，兵少食尽，汉军及诸侯兵围之数重。夜闻汉军四面皆楚歌，项王乃大惊曰："汉皆已得楚乎？是何楚人之多也！"项王则夜起，饮帐中。有美人名虞，常幸从；骏马名骓，常骑之。于是项王乃悲歌忼慨，自为诗曰："力拔山兮气盖世，时不利兮骓不逝。骓不逝兮可奈何，虞兮虞兮奈若何！"歌数阕，美人和之。项王泣数行下，左右皆泣，莫能仰视。

面对美人时，伤感悲慨。

项王乃复引兵而东，至东城，乃有二十八骑。汉骑追者数千人。项王自度不得脱。谓其骑曰："吾起兵至今八岁矣，身七十余战，所当者破，所击者服，未尝败北，遂霸有天下。然今卒困于此，此天之亡我，非战之罪也。今日固决死，愿为诸君快战，必三胜之，为诸君溃围，斩将，刈旗，令诸君知天亡我，非战之罪也。"

都已经这个时候了，无论怎样挣扎都必然是败亡的结果，可他哪里有一点点沮丧颓唐？依旧豪气干云，话语掷地可作金石声。然后就，冲锋！对方人马成千上万，自己只有二十八骑而已，可居然向对方发起了冲锋，这是有多嚣张，这是有多勇烈！

于是项王大呼驰下，汉军皆披靡，遂斩汉一将。

他重新聚回在这个时候依然追随着自己的几十骑人马后，乃谓其骑曰："何如？"骑皆伏曰："如大王言。"

故事的最后，英雄该退场了，他自刎于乌江水边，留给后世人无数的叹咏。

以上每一句我们都举了一个人物为印证，但洪应明的意思却是说，能同时做到这三者的人，才是真英雄，那么，我刚刚说起的这三位人物，只能算三分之一个真英雄了。

做真英雄真难。

齐天大圣

> **横逆困穷，是锻炼豪杰的一副炉锤。能受其锻炼者，则身心交益；不受其锻炼者，则身心交损。**
>
> 横祸逆运、困苦贫穷，都是锻炼英雄豪杰心性的熔炉与铁锤。能经受住这种锻炼的人，他的身体与精神都会受益，没有经受住这种磨炼的人，身体和精神都会受到损伤。

这一则中提到了锻炼，提到了炉锤，我们就从这里开讲，先不说人，说点杂学。

古代上好的刀剑，多为百炼钢所制成，什么叫百炼？了解这个之前，先要明白几个概念。

熟铁，指的是含碳量低，比较软的铁，它的塑性好，但强度和硬度都低。

生铁，指的是含碳量高到了一定程度，比较脆的铁，硬度够，但缺少韧性。比如家里用的炒锅，多为生铁所制。检验的办法很简单，就是往地上摔，通常不会变形，如果力量够大，那就无须变形了，直接碎掉，说明生铁很脆。这个办法简单易行，直观具体，至于风险嘛，看老婆大人心情了。

含碳量控制在一定范围内，就得到了钢，钢可以分为低碳钢、中碳钢和高碳钢三种。钢具有生铁和熟铁的两种优点，为铸造刀剑所使用。

古代炼钢的方法，首先是炒钢。顾名思义，将生铁加热到一定状态，然后如炒菜一般进行搅拌，使碳被氧化成气体，得到低碳钢。其实严格来说，叫炒铁也未曾不可。这种方法比较容易，工序也简单，但缺点也明显，不容易去除杂质。如果要尽量清除杂质的话，就只好一炒到底，菜炒过了头就"老"了，生铁炒过了头，碳元素也不剩多少，直接炒成熟铁了。

比炒钢更先进的方法，被称为灌钢法，即把生铁和熟铁混杂起来进行冶炼。生铁含碳量高而熔点低，先把生铁熔化，然后灌入熟铁中间，这样冶炼就可以得到品质较好的钢。灌钢冶炼法的技术细节随着朝代的更迭一直在不断改进，到了南北朝时期，已经比较流行了，并普遍应用于农业、手工业器具上。

将炒钢或灌钢后得到的钢材进行反复的折叠锻打，就得到了百炼钢，百炼钢就是通过锻打去除夹杂后的一种"纯钢"，对百炼钢工艺描述得比较详细的文字当属《梦溪笔谈》：

"予出使至磁州，锻坊观炼铁，方识真钢。凡铁之有钢者，如面中有筋，濯尽柔面，则面筋乃见，炼钢亦然。但取精铁锻之百余火，每锻称之，一锻一轻，至累锻而斤两不减，则纯钢也，虽百炼，不耗矣。此乃铁之精纯者，其色清明，磨莹之，则黯然青且黑，与常铁迥异。亦有炼之至尽而全无钢者，皆系地之所产。"

这段文字很有价值，因为是作者沈括的亲眼所见。他将钢比喻为面筋，得到的过程是对精铁进行锻打，每次锻打，都会去除掉一些杂质，所以会"一锻一轻"，到了最后斤两不减的时候，就是百炼钢出来了。这就是能受其锻炼者，可也有锻打到最后，铁尽而无钢的情况，身心交损，什么也没得到。

百炼钢制作出来的刀剑，锋利坚硬，锐不可当。

插叙一笔，将百炼这个词普及开来的并非某种刀剑，却是一句诗：何意百炼钢，化为绕指柔。诗歌的魅力，大于兵器啊。

还有一点很值得了解，通过"百炼"方式得到的钢，上面会出现美丽的花纹，制成兵器后，更是美丽得难以言喻。许多宝刀宝剑的名字，就取自其花纹。比如宝刀"文似灵龟"，便叫"灵宝"；露陌刀花纹"状如龙纹"，便叫"龙鳞"。

人要想成为豪杰，成为人中的"百炼钢"，过程也是如此，挺得过横逆困穷，就能锐不可当。

历史上这样的杰出人物多得很，无论讲哪一个，都有厚此薄彼之嫌，所以这回我们说一个"不是人"，它在传统相声节目《八扇屏》中占有一个席位：

在想当初，东胜神洲，有一块灵石受了日精月华，化作一只石猴。这猴子，寻仙访道，拜师菩提老祖，老祖赐名孙悟空，授业于灵台方寸山斜月三星洞，学艺八年，习得七十二般变化，一个筋斗十万八千里，有通天彻地之能。那悟空，出师归山，在花果山水帘洞自号美猴王，闹龙宫、夺神针、下地府、打鬼判，将生死簿划个了一塌糊涂。后受玉帝两度招安，上得天廷，偷仙果、盗金丹、大闹蟠桃宴。那玉帝急令天兵天将把猴子擒拿，那悟空，施展手段，甩开一万三千八百斤神铁是力战群仙，战哪吒斗杨戬，拳打天王脚踢混元，直杀得五方揭谛、六丁六甲、二十八宿是盔歪甲斜不敢近前。

天地无忌，风光无限的齐天大圣，马上就要迎来人生中第一个大的"锻炼"了，这次可是名副其实的锻炼，一点比喻的意思都没有。

那老君到兜率宫，将大圣解去绳索，放了穿琵琶骨之器，推入八卦炉中，命看炉的道人，架火的童子，将火扇起锻炼。

结果大家都知道了，孙悟空属于能够受其锻炼的那一类。太上老君身为天庭制药厂厂长，法宝炼制委员会 CEO，三昧真火技术专利所有人，将孙悟空扔进八卦炉里锻炼了七七四十九天后，不仅没炼成灰烬，反而炼出了"火眼金睛"，也是很尴尬的。

真个光阴迅速，不觉七七四十九日，老君的火候俱全。忽一日，开炉取丹。那大圣双手侮着眼，正自揉搓流涕，只听得炉头声响，猛睁睛看见光明，他就忍不住将身一纵，跳出丹炉，唿喇一声，蹬倒八卦炉，往外就走。慌得那架火看炉与丁甲一班人来扯，被他一个个都放倒，好似癫痫的白额虎，风狂的独角龙。老君赶上抓一把，被他一摔，摔了个倒栽葱，脱身走了。即去耳中掣出如意棒，迎风幌一幌，碗来粗细，依然拿在手中，不分好歹，却又大乱天宫，打得那九曜星闭门闭户，四天王无影无形。好猴精！

不过这一番过程，在学霸眼中，是这样的：

老君不能将孙悟空炼化的真正原因是：古时候炼丹炉是煤炭炉，最高只能达到 1200℃ 左右，而孙悟空是石猴，主要成分二氧化硅，熔点 1600℃ 左右，的确炼不掉！懂点科学多么重要！

那么孙悟空为什么会被炼成火眼金睛呢？原来二氧化硅在八卦炉 1200℃ 的高温下发生了玻璃化，所以具备了类似照妖镜之类的作用，可以看出妖精鬼怪。

法布施功德无量

> 士君子不能济物者，遇人痴迷处，出一言提醒之，遇人急难处，出一言解救之，亦是无量功德矣。
>
> 读书人虽然自己很贫穷，不能用物质财富来帮助别人，可一旦遇到有人为某事迷惑时，能用明白话提醒他一下，或遇到别人有紧急危难时，能从旁说几句话来解救他的危难，这也都是不可估量的大功德。

余秋雨在文章中说过这样一段话：在这个世界上，有的民族把人格理想定为"觉者"，有的民族把人格理想定为"先知"，有的民族把人格理想定为"巨人"，有的民族把人格理想定为"绅士"，有的民族把人格理想定为"骑士"，有的民族把人格理想定为"武士"，而中华民族的人格理想是"君子"，不与它们重复。

君子读过许多书，但百无一用是书生，君子能做什么呢？

不要以为只有用财物帮助别人才算帮助，才有福德，佛门经典《金刚经》开示我们：

须菩提，于意云何？若人满三千大千世界七宝，以用布施，是人所得福德，宁为多不？须菩提言：甚多，世尊。何以故？是福德，即非福德性，是故如来说福德多。

若复有人，于此经中，受持乃至四句偈等，为他人说，其福胜彼，何以故？须菩提，一切诸佛，及诸佛阿诺多罗三藐三菩提法，皆从此经出。须菩提，所谓佛法者，既非佛法。

一千个小千世界构成了一个中天世界，一千个中天世界构成了一个大千世界。现在佛陀说有三千个大千世界，那就是不可思量的广阔空间。

七宝说法较多，《法华经》中以"金、银、琉璃、砗磲、玛瑙、真珠、玫瑰"为七宝。

满三千大千世界七宝理解为无量无数财宝就好了，可是你用这么多的财宝去布施，得到的福德，比不上为别人说解佛法的功德。

菩萨道修六度万行，六度之中，以布施为首，布施之中，以法布施最为殊胜。

你的语言代表着你的思想、智慧，你用自己的智慧去帮助别人摆脱危机，这就是胜过三千大千世界七宝的功德。

说到这，小小自豪一下，如果以佛经的观点看，我们教师这个职业其实是很修福德的。为人讲课，解惑，也都算法布施。当然了，关键在于心底一念，如果讲课是为了薪水、升职等等，那就算不上法布施了。

春秋时，齐国与燕国彼此仇恨，后来燕昭王任用名将乐毅，打得齐国几乎灭国，只剩下两个小城。但燕昭王去世，齐国行反间计，乐毅逃走，齐国迅速复国。这其中，行反间计的，率领齐军以火牛阵大破燕军的，收复齐国的，都是一个人，名叫田单。

田单复国有功，官封相国，封地安平郡，史称安平君。

田单作为布衣相国，很体恤人民：

过菑水，有老人涉菑而寒，出不能行，坐于沙中。田单见其寒，欲使后车分衣，无可以分者，单解裘而衣之。

但这样的事情被齐王看在眼里，可就有了不一样的意义，为人君者，最担心忌讳的事就是功高震主。田单的功劳已经这样大了，已经赏无可赏，现在还要收买民心，他想做什么？

襄王恶之，曰："田单之施，将欲以取我国乎？不早图，恐后之。"

说完这话的襄王肯定也有点后怕，如果被人听到传出去，那不是逼田单造反吗？于是环顾左右，没什么人，但看到岩下有贯珠者，大约是个串珠子的手艺人，便问他：

襄王呼而问之曰："汝闻吾言乎？"

这句话听着暗藏杀机，有点想杀人灭口的意思。

对曰："闻之。"

王曰："汝以为何若？"

这时的齐王，就因为害怕自己的王位被夺而不能够深思熟虑，处于痴迷处。田单那样大的功劳和人心，怎么能轻易除去呢？弄不好，就真是逼他造反了，而自己这边有没有足够的力量应对？不过幸运的是，这位在历史中没留下名字的贯珠者，多半是个修养很高的隐士，他说了一席话点醒齐王：

对曰："王不如因以为己善。王嘉单之善，下令曰：'寡人忧民之饥也，单收而食之；寡人忧民之寒也，单解裘而衣之；寡人忧劳百姓，而单亦忧之，称寡人之意。'单有是善，而王嘉之。善单之善，亦王之善已。"

大王不如把相国的善行变成自己的。您公开嘉奖相国，就说，大王您忧国忧民，不能安枕，而最能理解您的，就是相国田单了。不要以'田单解裘'为由奖励他，而是以'相国替大王分忧'为理由奖励他，这样大家就会认为是大王爱惜百姓，而相国只是按您的意思去执行罢了。

把田单的功劳引导为自己的功劳，让百姓在感激田单的同时更感激自己，真是非常高明的谋略。

齐王大喜，按此方法去做，公开表扬田单为主上分忧。果然，民心倒向齐王。

贯珠者一席话，不仅点醒了齐王，救了自己的命，也间接救了无数人的命。如果田单与齐王互相猜忌，打起来，最后无论谁赢大概都要灭掉对方几族吧。

这一番话，真是功德无量。

春秋时期，战争频繁，这一次，秦晋围郑，两个大国联军准备灭了郑国，郑国十万火急，老臣烛之武临危受命出发来见秦伯，展开了一段堪称教科书级别的言辞，成功解除危机。

他见到秦伯后第一句话就是："秦晋围郑，郑既知亡矣。"

你们包围了我们，我们知道肯定打不过您的，这叫迎合君之威严，欲扬先抑、以退为进，很重要，否则当天秦王可能吃饭噎到了，正在郁闷，一个不高兴，直接推出去砍了，也是正常的。

"若亡郑而有益于君，敢以烦执事？"

巧设悬念，迎合人所共有的好奇心。举个例子，你有一本书想推荐给人，直接说很好他未必会看。但如果你故弄玄虚，展卷其旁，用手捂起来，自己看，边看边说哎呀，这个书太好看了，表情夸张一点，他准凑过来问你什么书。这时你要表现得矜持，不给他看，说没什么，无聊得很，你不要看。欲擒故纵。秦伯很自然地想知道，为什么没有益处于自己呢？

"越国以鄙远，君知其难也，焉用亡郑以陪邻？邻之厚，君之薄也。"

救难解危就这一句，切中为君者之大欲，利也。灭郑之后的利益是谁得到了？不是您，是邻国，是和您一起来的晋国啊，一语点醒秦伯。

没有永远的朋友和敌人，只有永远的利益，而这才是退军的根本原因，他为利而来，自然也会为利而退。此时目的已然达成，但末了，烛之武还不忘挑拨离间一下：

"夫晋，何厌之有？既东封郑，又欲肆其西封，若不阙秦，将焉取之？阙秦以利晋，惟君图之。"

晋国没有满足的时候，等实力强大了，就要损害您秦国了，您可长点心吧。

几句话，救了一个国家，同样功德无量。

无招胜有招

人解读有字书，不解读无字书；知弹有弦琴，不知弹无弦琴。以迹用不以神用，何以得琴书佳趣？

人们了解阅读有字的书，却不懂阅读无字的书；知道弹奏有弦的琴，却不知道弹奏无弦的琴。只知运用有形迹的事物，不懂得领悟无形的神韵，这样又如何能理解音乐和读书的真正乐趣呢？

在书法上，许多名家大家的字，往往会从早年一开始的笔画漂亮，结构精美，让观者赞叹连连，写到后来晚年的没了笔锋，没了好看的外表，乍一看，倒像是练字不久的小孩子写出来的一样。

比如李叔同先生，早年以"张猛龙碑"入道，字写得笔锋锐利，金石气纵横，结篇逸宕沉稳，技巧很精致。出家后，成为弘一法师，字就越写越没锋芒了，简单宁静，你看他写的"不"字，就像一株初生的植物，不需任何解说，你也能感觉到这个人对这个世界有多么的慈悲为怀。字与字之间布白很大，给人以美好的想象空间和不忘初心的美感。他的绝笔，悲欣交集四个字，当然是不好看的，那时他连握笔的力气都没有了，但却写出了最有争议，也最精彩的艺术作品。四个字传递出了十分复杂的情感，懂不懂书法，都能感觉得到，你会不禁思考：一个什么样的人，才会在临终前说出这样的话？他一生跌宕起伏，转折巨大，对他而言，究竟悲是何物，欣又怎讲？悲喜交加这种感觉，也常常出现在我们自己的情绪中，那种复杂与难以言说，是不是就和此刻我眼前的这四个字一样？

而在绘画上，也有这样的趋势。

大家熟知的齐白石老人，他画的虾很著名，并且经历过三次变化。

"余之画虾已经数变，初只略似，一变毕真，再变色分深浅，此三变。"

——齐白石

他六十岁左右时画的虾一变，一改从前那种类似工笔一样的画法，变得形似而神足，但墨色上缺少变化，虾腿要画出十条，看起来很烦琐；六十八岁时第二次变化，虾头一笔浓墨而成，质感分明，虾体用淡墨几近透明，一样的质感突出，看起来真如活虾一般；七十岁以后又一变，虾腿直接简化为五条，虾须一笔而成，似断实连、柔韧如丝，以"折钗股"般的功力控制着线的力度。虾身的虚实、浓淡有着微妙的变化，越看越耐看，笔画越简，而神态越真，有种技进乎道的奇妙感觉。

中国画有四品之说：神品、逸品、妙品、能品。能品技巧出众，潜鳞翔羽，都画得惟妙惟肖、形象生动，但这只是起点而已。终点在神品，创意立体，妙合自然。所以你会发现，那些大家们的画，越来越简单，越来越写意，但境界却越来越高。白石老人晚年就只是画一些日常的事物，一棵白菜，几只茄子，几颗葫芦，一丛樱桃，四五个土豆，但每幅画都价值不菲。所以有人开玩笑，老人家要是画一个菜市场，肯定价值连城。

音乐上，也同理。史上最著名的琴师未必是师旷、俞伯牙，多半是陶渊明，虽然他这个琴师的称号是需要加上引号的。为什么？因为他能弹无弦琴：

"渊明不解音律，而蓄无弦琴一张，每酒适，辄抚弄以寄其意。"

——南朝梁萧统《陶靖节传》

并且留下名句：但识琴中趣，何劳弦上声？

到了武艺上，更有无招胜有招之说：

杨过提起右首第一柄剑，只见剑下的石上刻有两行小字："凌厉刚猛，无坚不摧，弱冠前以之与河朔群雄争锋。"再看那剑时，见长约四尺，青光闪闪的是利器。

他将剑放回原处，拿起长条石片，见石片下的青石上也刻有两行小字："紫薇软剑，三十岁前所用，误伤义士不祥，乃弃之深谷。"杨过心想："这里少了一把剑，原来是给他抛弃了，不知如何误伤义士，这故事多半永远无人知晓了。"

出了一会儿神，再伸手去拿第二柄剑，只提起数尺，呛啷一声，竟然脱手掉下，在石上一碰，火花四溅，不禁吓了一跳。原来那剑黑黝黝的毫无异状，却是沉重之极，三尺多长的一把剑，重量竟自不下七八十斤，比之战阵上最沉重的金刀大戟尤重数倍。杨过提起时如何想得到，出乎不意的手上一沉，便拿捏不住。于是再俯身拿起，这次有了防备，拿起七八十斤的重物自是不当一回事。见那剑两边剑锋都是钝口，剑尖更圆圆的似是个半球，心想："此剑如此沉重，又怎能使得灵便？何况剑尖剑锋都不开口，也算得奇了。"看剑下的石刻时，见两行小字道："重剑无锋，大巧不工。四十岁前恃之横行天下。"

过了良久，才放下重剑，去取第三柄剑，这一次又上了个当。他只道这剑定然犹重前剑，因此提剑时力运左臂。哪知拿在手里却轻飘飘的浑似无物，凝神一看，原来是柄木剑，年深日久，剑身剑柄均已腐朽，但见剑下的石刻道："四十岁后，不滞于物，草木竹石均可为剑。自此精修，渐进于无剑胜有剑之境。"

——《神雕侠侣》

为什么"无"会胜过"有"？为什么简单胜过繁华？为什么返璞归真是至高的境界？因为艺术的本质是表达，而非取悦。美丽的线条，好听的音符，漂亮的招式，都只是一种手段，最初开始学习的时候，当然要一步步来，按要求来，可当已经掌握了所有的技巧之后，若还是考虑怎样让人觉得好看好听，那就是受制于手段了，永远也达不到最高的境界。当掌握了它们之后，便该思考如何运用它们来表达自己的情感、心绪、思想，只有这样，才会超越书法、绘画、音乐本身的藩篱。在线条的俯仰、顾盼、转折点提之中完成悲喜的转换，在色彩的浓淡交错、蔓延跳跃中完成自我的抒发，在音符的错落、节奏的曲折、鼓点的轻轻撞击中道尽心中款曲，这就叫不以迹用要以神用，琴书佳趣正在其中。

艺术如此，做人亦然。

少年听雨歌楼上。红烛昏罗帐。壮年听雨客舟中。江阔云低、断雁叫西风。而今听雨僧庐下。鬓已星星也。悲欢离合总无情。一任阶前、点滴到天明。

人生的不同阶段，听到雨声后的心境都不会相同。同样，人在不同的阶段，也要侧重读不同的书。三十而立，三十岁之后，便该思考读"无字书"了。"世事洞明皆学问，人情练达即文章"，所谓的无字书，便是指人间世情百态。

讲一个冯骥才《俗世奇人》中的故事。

杨七和杨八是在天津卖茶汤小吃的两个人，杨八本名杨巴。他们两人分工明确：杨七手艺好，只负责制作，杨巴口才好，专管外场照应，买卖做得十分红火。

然后那年李鸿章来天津，怎么款待才能让中堂大人高兴呢？地方官们颇费了一番心思：

可天津卫的小吃太粗太土：熬小鱼刺多，容易卡嗓子；炸麻花梆硬，弄不好硌牙。琢磨三天，难下决断，幸亏知府大人原是地面上走街串巷的人物，嘛都吃过，便举荐出"杨家茶汤"；茶汤黏软香甜，好吃无险，众官员一齐称好，这便是杨巴发迹的缘由了。

等到为中堂大人献上这精心准备的小吃之后，却发生了令人惊讶的一幕，李鸿章看过之后，突然把碗摔到地上，在场官员都吓坏了，却没人知道为什么。读懂了李鸿章心思的人，就只有杨八。

当官的一个比一个糊涂，这就透出杨巴的明白。他眨眨眼，立时猜到中堂大人以前没喝过茶汤，不知道洒在浮头的碎芝麻是嘛东西，一准当成不小心掉上去的脏土，要不哪会有这大的火气？可这样，难题就来了——

没错，如果你立刻就开口解释，请李大人息怒，是这么回事，那你就还是没读懂读透人情人心。

倘若说这是芝麻，不是脏东西，不等于骂中堂大人孤陋寡闻，没有见识吗？倘若不加解释，不又等于承认给中堂大人吃脏东西？说不说，都是要挨一顿臭揍，然后砸饭碗子。而眼下顶要紧的，是不能叫李中堂开口说那是脏东西。大人说话，不能改口。必须赶紧想辙，抢在前头说。

接下来的一段话，就是读一辈子有字书的人，也未必能想得到、说得出：

"中堂大人息怒！小人不知道中堂大人不爱吃压碎的芝麻粒，惹恼了大人。大人不记小人过，饶了小人这次，今后一定痛改前非！"说完又是一阵响头。

李中堂明白后，便很喜欢杨八。

天津卫九河下梢，人情练达，生意场上，心灵嘴巧。这卖茶汤的小子更是机敏过人，居然一眼看出自己错把芝麻当作脏土，而三两句话，既叫自己明白，又给自己面子。这聪明在眼前的府县道台中间是绝没有的。

结局当然是皆大欢喜，赏银一百两，杨家茶汤从此名扬津门。

读了这么多年有字书的我们，对比这个杨八如何呢？

相由心生

> **心地上无风涛，随在皆青山绿树；性天中有化育，触处都鱼跃鸢飞。**
>
> 内心中没有起伏不定的波涛，随处都是青山绿水那样的祥和美景；天性中有化生长育万物的爱心，到处都能看到鱼跃水面、鹰击长空的生动景象。

"明月出天山，苍茫云海间。长风几万里，吹度玉门关。"

"海上生明月，天涯共此时。情人怨遥夜，竟夕起相思。"

"未离海底千山黑，才到天中万国明。"

以上三首诗，都描写明月，都气魄不凡，但其中一首，出自帝王手笔，你觉得会是哪一首？

我想你一定能猜中，定是最后一首。

陈师道《后山诗话》中写过一个故事：五代十国时，南唐诸君臣都擅长诗词，颇具文才，他们也因此瞧不起北方宋朝的君臣，认为不过一介武夫而已。宋军围困金陵时，南唐派才子徐铉与宋军谈判，徐铉学识渊博，言语巧妙，的确没人说得过他。

他见到赵匡胤时，极力夸耀南唐国主李煜的才艺，说其《秋月》诗天下闻名。赵匡胤听后大笑道："这是寒士的诗，我是不会写的。"看李煜的词风便知道，虽然《秋月》诗没有传下来，但一定也是精雕细刻，充满纤美华丽的。

徐铉不服，请赵匡胤也作一首诗给他看看，宋太祖乃马上皇帝，为后世传下过太祖长拳，你让他打一套拳没问题，作诗可就非其所长了，满殿群臣担忧不已。但赵匡胤说我只有两句，然后从容吟出："未离海底千山黑，才到天中万国明。"，徐铉听完大惊，"殿上称寿"。

据说，这是赵匡胤年轻时在旅途中醉卧田间，看到月上中天的景象有感而发，写出的两句诗。为什么我们都猜这句？为什么徐铉听完大惊，殿上称寿？因为这句有帝王气，只有拥有一颗雄视天下之心的人，才写得出来。

禅宗六祖惠能于黄梅得法后，来到广州法性寺，正赶上印宗法师讲解《涅槃经》。这时来了一阵风，吹动布幡，一僧曰风动，一僧曰幡动，争论不已。惠能走上前说：不是风动，不是幡动，仁者心动。

相由心生是也。

在看相人那里，这句话中的相指的是相貌。但更多的，"相"指的是物相，世间万物的表现形式。相由心生是说我们对事物的理解、观感，都和我们的心有莫大的关系。心境不同，对哪怕同一件事物的感受也是不同的。

所以了，若心海不平，看到的便是"长恨人心不如水，等闲平地起波澜"；

若心湖平静无波，看到的便是"我见青山多妩媚，料青山见我应如是"；

若心中和畅闲适，看到的便是"绿树村边合，青山郭外斜"；

若心中无愧，光明磊落，看到的便是"云散月明谁点缀，天容海色本澄清"；

若心中仁爱万物，自然可以时时看到"鸢飞戾天，鱼跃于渊"；

…………

慢一点，静一点，晃晃悠悠，细水长流，朝朝暮暮，停停走走，一屋两人三餐四季，美好的风景无处不在。

侠气与素心

> **交友需带三分侠气，做人要留一点素心。**
>
> 交友要去结交带着几分侠义之气的朋友，做人处事要保留着一点纯真的赤子之心。

这句话若仅仅从字面来看，那自然很简单，但如果从传统来看，那可就了不起了。

什么是侠？我们得从墨子说起。

墨家的两个著名理念是"兼爱"与"非攻"，可那时是春秋战国，各个国家之间都在打仗。你说你要像爱自己一样去爱别人，你说要阻止不正义的战争，那你该怎么做？

墨子用实际行动来实践自己的理念，这一点非常让人佩服。他成立了墨家组织，组织内纪律严明，大家都服从"巨子"的领导，只要巨子发号施令，门徒就必须严格执行，哪怕是赴汤蹈火。

墨子就是墨家的第一任巨子，在他的领导之下，墨家不断壮大，他们在各国之间来回奔走，阻止战争，不计任何回报地实践着"务必求兴天下之利，除天下之大害"的崇高理想。

在止楚攻宋的历史事件中，墨子不战屈兵，一条一条地解释了如何战胜公输班的攻城武器之后，公输班想要杀了墨子以绝后患，以为这样做了后，宋国就守不住了。但当时墨子的弟子禽滑厘等三百余人早已在宋国城墙上严阵以待，墨子早已将攻守的方法传给了他们。如果楚国出兵攻宋，墨家三百弟子势必决死一战。最后，楚王只好放弃攻打宋国。

这段历史，后来成为电影《墨攻》的素材，刘德华在其中饰演的墨家子弟，非常传神。

墨子和墨家弟子为了帮助弱国自卫，舍生忘死的精神竟至于此。正因如此，所以传统史学中流行着"侠出自墨家"的说法。

到了汉代，司马迁先生用一篇《游侠列传》为侠的精神做了总结与传承。他在序言中感叹，秦以前平民侠客的事迹都被埋没了不能见到，很遗憾。他认为侠客们虽然时常违犯法律禁令，但他们也有廉洁退让的精神，有值得称赞的地方，所以要记录下来。

他记录了朱家曾暗中帮助季布将军摆脱被杀的厄运，等到季布将军地位尊贵之后，他却终生不肯与季布相见。

郭解也是一个任侠的人。他姐姐的儿子倚仗郭解的势力，同别人喝酒，那人的酒量小，不能再喝了，他却强行灌酒，那人发怒拔刀刺死了他就逃跑了。郭解的姐姐说"以弟弟的义气，人家杀了我的儿子，凶手竟然捉不到"。于是她把儿子的尸体丢弃在道上不埋葬，想以此来羞辱郭解。

郭解派人暗中探知凶手的去处，凶手无奈，索性主动回来把真实情况告诉了郭解。郭解听后说："你杀了他应当，是我的孩子无理。"于是放走了那个凶手，把罪责归于姐姐的儿子，并且收尸埋葬了他。人们听到这个消息，都称赞郭解的行为符合道义，更多人去依附他。

最后司马迁总结道：今游侠，其行虽不轨于正义，然其言必信，其行必果，已诺必诚，不爱其躯，赴士之困厄。既已存亡死生矣，而不矜其能，羞伐其德，盖亦有足多者焉。

唐代游侠的样子，我们可以从卢照邻的《长安古意》中得窥一二：挟弹飞鹰杜陵北，探丸借客渭桥西。俱邀侠客芙蓉剑，共宿娼家桃李蹊。

红颜名剑，快意恩仇，大唐之风。

宋代我们要讲讲宋太祖赵匡胤的故事，为后世传下一套太祖长拳的男人，肯定是有点任侠勇武之气的。而最能体现其侠义精神的事情，则是千里送京娘这个故事。

京娘和赵匡胤同姓，山西永济人，十七岁那年，随父亲到曲阳烧香还愿时被强盗所劫，幸好遇到赵匡胤，青年时的赵匡胤身手了得，打散强盗，救下京娘。为了京娘的安全，赵匡胤又不远千里送京娘回家。经历了这样的生死与共，又加上太祖的仪表英气，想不动心只怕很难。在经过武安门道川时的一天清晨，赵京娘梳妆打扮后郑重其事地向赵匡胤表达了爱慕之情。但赵匡胤拒绝了，因为他觉得自己救人护送是义举，如果答应了京娘的求婚，就会被天下人误会为自己是有所图才做的。

一路上风尘，终于把京娘安全送到了家，京娘的家人感恩于赵匡胤的义举，情愿把京娘许配给他，但赵匡胤还是拒绝了。而京娘自赵匡胤离去后因为受不了哥哥和嫂子的风言风语，为表贞洁自缢身亡，也有的传说是出家为尼了。但这些都不重要，重要的是他们并没有终成眷属，故事的结局是一个悲剧。

赵匡胤也许是喜欢京娘的，可还是拒绝了，为什么？因为他非常看重侠义的价值。

侠义的行为，一个重要标准就是不能讲求代价，一旦有了代价，就少了侠气。

这也是为什么行侠仗义的人都不愿留名，不愿人知道的原因，并非故作清高，而是要把侠的精神贯彻到底。如果娶了京娘，虽然你问心无愧，但别人绝不会这么想，一定会认为你是贪图京娘的美貌才搭救护送的，这样就玷污了侠这个字。所以虽然故事是个悲剧，但我依然很喜欢。

后来据说赵匡胤成为皇帝之后，曾派人去寻访过京娘，出去的人带回来一首京娘的诀别诗：

天付红颜不遇时，受人凌辱被人欺。今宵一死酬公子，彼此清名天地知。

写尽了自己的坚决与遗憾。

侠的精神就这样一直传承了下来，现在我们可以小结一下它的内涵了：十分重视信用，主动帮助危难中的人，不讲求任何回报。

交友需带三分侠气这件事，至此还需要证明吗？怕就只怕他不肯与我做朋友罢。

朴素而天下莫能与之争美。

——《庄子》

素心的内涵该怎样理解呢？

素心首先应该是一颗赤子之心。

赤子之心早在孟子那里就有提及，他说："大人者，不失其赤子之心者也。"大人，原指统治者，后来也指品德高尚的人。赤子，就是初生的婴儿。孟子认为，品德高尚的人就是还保持着如同孩子般心灵的人。

伟大人物与童心的相通之处在哪里呢？在于纯真。

《资治通鉴》中写道：唐贞观年间，为御边之需，唐太宗每天命数百人演习武艺，他亲自坐镇观看，并常常用弓矢刀剑奖赏其中的优异者。由于演武者距离皇帝太近，群臣进谏说："按照法律，带着兵刃到皇帝身边的人是死罪。如今这些人张弓挟箭在您的身旁，万一有人对陛下不利怎么办？"唐太宗却说："王者视四海如一家，封域之内，皆朕赤子，朕一一推心置其腹中，奈何宿卫之士亦加猜忌乎！"

帝王心最难有纯真，但这一刻，他视天下百姓如子民，与他们推心置腹，信任他们。士兵们知道后，果然"由是人思自励，数年之间，悉为精锐"。

素心还应该是一颗柔软的心。

"对酒当歌，人生几何！譬如朝露，去日苦多。慨当以慷，忧思难忘。何以解忧？唯有杜康。"《短歌行》写得多么慷慨大气，可就那样写着写着，前一刻还是"我有嘉宾，鼓瑟吹笙"的欢乐场面，突然就来了这样一笔：明明如月，何时可掇？忧从中来，不可断绝。他为什么突然变得那样忧伤呢？研究者说这其实很好理解啊，结合后边的诗句看，曹操是在忧虑人才不来嘛，一旦人才归来了，不就又"契阔谈宴"了？

不错，我知道这是曹操的一首求贤诗，这样解释没错。可不知为什么，每次读到这里，总觉得这突然乱入的一段伤感，有一种别样的味道，好像突然间触到了曹操的另一面，原来他内心也有软弱伤感的地方。你喜欢上一个人，可能就是在这样一个时刻，他／她光芒万丈的时候你不觉得怎样，可突然在某个角落里，你看到他／她伤心的一刻，就很容易被打动。

我知道这世界广大，我知道这人心复杂，我也知道所谓的丛林法则，这些，我都知道啊，可不需要许多，一点就好。

三分侠气，一点素心，足矣。

状元是何物

> **贫家净扫地，贫女净梳头。景色虽不艳丽，气度自是风雅。士君子当穷愁寥落，奈何辄自废弛哉！**
>
> 贫穷的人家把地扫得干干净净，穷人的女儿把头梳得整整齐齐，虽然没有奢华的陈设和美丽的装饰，却自有一种朴实的风雅。有才有德的君子，怎么能在穷困忧愁、际遇不佳的时候就自暴自弃呢？

清人李调元《淡墨录》中写有这样一个故事，与本则内容很可以相对照。

吴县人陈初哲，出身书香门第，自幼便聪颖好学，颇有文誉。他还写得一手好书法，弱冠后，又以"善属文"而著名。

当然了，最重要的是，颜值还很好，一表人才。

乾隆三十四年，他被皇帝点了状元。

要知道，你需要一路考到殿试，而殿试又分为一甲、二甲、三甲录取，其中一甲只取三人，便是大家熟悉的状元、榜眼、探花。只有在殿试中考中一甲第一名，才能享此荣誉，多么不容易。

金榜题名的陈初哲，准备衣锦还乡了，他一路南下，这一天，在一个风和日丽的下午，他来到一个小山村。村子里樱红柳绿，男耕女织，颇有几分桃源之风，他很喜欢，便信步游览。忽然看见村子尽头的一间农家小院，小院竹门半开，一位漂亮的农家少女正很悠闲地倚门而立。

状元的眼界，想必不低，见过的丽人，想必也不少。

少女出身农家，想来不富贵，但干净整洁，想来是一定的。

陈初哲，"魂飞色夺"，可见女子的气质容貌，小家碧玉，荆钗国色。

心动不如行动，我可是状元郎啊，万千少女心中的佳婿，怕什么。陈初哲便走过去与女孩搭话，女孩也不羞涩，寒暄过后，把母亲叫了出来。见到女孩的母亲，陈初哲开始自我介绍了：我乃新科状元。

他估计这个名号怎么说也能为自己博得一些好感吧，但万万没想到，老妇人的回应是："状元是何物？"

嗯，这个，状元不是物，不是东西，不对，当然了，说状元是个东西也不对。

"状元是进士中的第一名，由皇帝亲自出题批阅确定，我们的名字都登在金榜上，让天下人知道。以后可以成为大官，是天下所有读书人的梦想。"陈初哲只能尽量简单地解释给他听。

"状元几年出一个？"

"三年出一个。"

一直在边上旁听的女孩子就笑了："我还以为状元是百年才出一个呢，原来三年就一个。"

陈初哲比较尴尬，于是拿出皇帝赐给状元的双南金，捧到老婆婆面前："下官甚爱令媛，如不嫌弃，愿留薄聘在此。"

老妇人却说，我们这里有桑树百株，薄田数亩，衣食无忧，不需要这黄金，婉拒了状元郎。

不贪慕财富，不贪慕权贵，这对农家母女的气度令人佩服。也许在那个女孩子眼中，帮她砍柴挑水的邻居阿哥的微笑，更动人吧。

正史中的陈初哲也是一个很上进的人，经两次京察名列一等，升任湖北荆宜施道员，提辖荆州、宜昌、施南三府。在任职期间，遇上灾年歉收，他捐钱赈济灾民。次年，江水漫堤，他亲自上堤指挥抢险，督促吏民载土堵堤，连续数昼夜，终于全城平安。之后，又捐俸银加固堤坝，深受百姓称赞。

令状元郎一见倾心的那个农家女子，虽然身处清贫，却仍然向上要好，收拾得干净整洁，气质动人。

士君子，在遭遇穷愁困厄时，又怎么可以自暴自弃呢？

此心安处是吾家

宠辱不惊，闲看庭前花开花落；去留无意，漫随天外云卷云舒。

无论宠耀还是屈辱都不惊惧，只是悠闲地欣赏着庭院前花朵的开放与凋落；无论离开还是留下都并不在意，随着天空中的浮云随意卷起或舒展那样进退自如。

走了那么长的旅途，看过了那么多的风云起伏，经历了那么多的离合悲欢，生命该获得一份恬淡闲适了。

从小寒至谷雨，一百二十日，八个节气。我们的古人以每五日为一候，计二十四候，在每一候内开花的植物中，挑选一种花期最准确的植物为代表，应一种花信，称之为"二十四番花信"。

梅花、山茶、水仙、瑞香、兰花、山矾、迎春、樱桃、望春、菜花、杏花、李花、桃花、棣棠、蔷薇、海棠、梨花、木兰、桐花、麦花、柳花、牡丹、荼蘼、楝花。

整个春天，我们都有花可看。

南朝宗懔《荆楚岁时说》云：始梅花，终楝花，凡二十四番花信风。

楝花排在最后，它一开，夏天也就不远了。

但许多时候，我们更愿意把荼蘼作为花事了的象征。

荼蘼是一种伤感的花，用来形容女子的青春将逝，或是感情到了尽头。

"荼蘼不争春，寂寞开最晚。"

花儿不会说话，我们也无言，就这样彼此静静地看着，体味着经历了许多往事之后的生命的宁静与安然。

天空中的白云，可以承载着人间女子的伤心抱怨：

英英白云，露彼菅茅。天步艰难，之子不犹。

——《小雅·白华》

承载着天南地北的深深思念：

思家步月清宵立，忆弟看云白日眠。

——杜甫《恨别》

也可以见证着时间的悠悠流逝：

画栋朝飞南浦云，珠帘暮卷西山雨。闲云潭影日悠悠，物换星移几度秋。

——王勃《滕王阁诗》

当然也一并见证了物是人非的沧桑变化：

世事浮云何足问，不如高卧且加餐。

——王维《酌酒与裴迪》

表个白也没问题：

"我行过很多地方的桥，看过很多次数的云，喝过许多种类的酒，却只爱过一个正当最好年龄的人。"

——沈从文《湘行散记》

整个四季，我们都有云可观。

看花也好，看云也好，我们想得到的，是什么呢？

下面这个故事，是本书的最后一个故事，故事的主人公是位女子，名叫宇文柔奴，也名点酥娘。与后边这个名字相伴的身份是北宋著名歌姬，但她更喜欢的身份，却是诗人王巩身边的一名歌女。

王巩官位不小，诗名也不错，在丹青妙笔间亦占有一席之地，是一个很不错的男人。不过他受好友苏东坡"乌台诗案"的牵连，一路被贬到了岭南。在受牵连的人中，他是被贬得最远、责罚最重的。苏东坡在后来写给他的书信中，一再表示自己的内疚与苦痛，但王巩并没有任何怪苏东坡的意思，这才是真正的朋友。

去岭南前，他的妻妾及下人纷纷离他而去，唯有柔奴一人，愿意陪伴王巩一同踏上前往宾州的道路。

柔奴的父亲曾是御医，传授过她医术，到了岭南，她便用医术救治那里被疾病折磨的人。

她与王巩的情意，被传为美谈。

宇文柔娘人如其名，有一颗温柔体贴的善心，用一个女子的柔情，化解了"乌台诗案"给王巩带来的巨大打击，她时常陪伴在他左右，或吟诗相和，或把酒笑谈。

元丰六年，王巩奉旨北归，宴请苏轼叙旧，席间，请柔奴为苏轼劝酒，苏轼带有试探意味地问柔奴："岭南应是不好？"

岭南那里很不好吧？你们这些年，过得是不是很苦，是不是还在心中怨着我？连累好朋友遭到那样的磨难，我想苏子心中，终究难以释怀。

柔奴浅笑如花，回答道："此心安处，便是吾乡。"

真是通透淡然，美丽至极的一句话。

几历沉浮的苏轼听后，大受感动，忍不住作词以赞：

"常羡人间琢玉郎，天应乞与点酥娘。自作清歌传皓齿，风起，雪飞炎海变清凉。

万里归来年愈少，微笑，笑时犹带岭梅香。试问岭南应不好？却道：此心安处是吾乡。"

——《定风波·南海归赠王定国侍人寓娘》

生活不会一帆风顺，万事如意也只是美好的祈愿罢了，但生活也不会坎坷无尽，飘风不终日，暴雨不终朝，苦难终会过去。我们不会一直停留在某个地方，鸡声茅店，人迹板桥，走了那么久，也并不知道下一刻又将身在何处。但只要有这一句"此心安处是吾乡"的恬淡与从容，就足够了。

不求长乐未央，只愿心安此生。